Sabrina Wagner

Mein Pferd richtig füttern

Gesunde und kranke Pferde optimal ernähren

Müller Rüschlikon

Inhaltsverzeichnis

Liebe Pferdemenschen,

ob man Pferde selbst am Haus hält, in einer Selbstversorgergemeinschaft oder in einem Pensionsstall, immer wieder stellen sich Fragen zur Fütterung. Wie viel Weidegang ist richtig, ist die Heumenge ausreichend und das Heu von guter Qualität? Hafer oder Müsli oder beides oder gar kein Kraftfutter? Mineralfutter, na klar, aber welches passt für mein Pferd?

Ratschläge bekommt man von vielen Seiten, vom Stallbetreiber, vom Bauern um die Ecke oder von der Stallgenossin, die schon immer alles wusste. Man kann zu Seminaren gehen, die oft von Futtermittelherstellern angeboten werden und dann entsprechend auch Produkte vermarkten. Man kann sich auch eine individuelle Ernährungsberatung von einem entsprechend ausgebildeten Ernährungsberater oder von einer Tierheilpraktikerin holen.

Dieses Buch ist ein Ratgeber für alle, die sich selbst eine fundierte Meinung bilden wollen, die den Futterplan für ihr eigenes Pferd auf Basis von Wissen in Eigenregie beurteilen und zusammenstellen möchten.

Mein Pferd richtig füttern, das beinhaltet eine individuelle Herangehensweise, die die Lebensumstände des Tieres, seinen Einsatz im Zusammenleben mit dem Menschen und seinen Gesundheitszustand berücksichtigt. Wir Pferdemenschen, ob nun Pferdebesitzer, Reitbeteiligung oder Stallbetreiberin, wollen das Beste für unsere geliebten Vierbeiner und das fängt bei Fütterung und Haltung an. Unser Pferd soll gesund bleiben oder gesünder werden, soll sich wohl fühlen. Und klar, was liegt näher als von sich auf das Tier zu schließen. Wir essen gerne mal abwechslungsreich, Kohlenhydrate machen zwar glücklich, sind aber ungesund, und im Winter braucht man auch mal etwas Warmes.

Nur gibt es fundamentale Unterschiede zwischen der menschlichen Verdauung und der des Pferdes. Wir sind biologisch betrachtet Allesfresser, während das Pferd von Natur aus darauf spezialisiert ist, aus relativ kargem pflanzlichem Futter möglichst viel herauszuholen. Einige der zuvor gemachten Aussagen passen daher nur zum Menschen, aber nicht zum Pferd.

Im ersten Teil des Buches geht es um Grundlagen der Pferdeernährung von den Inhaltsstoffen der Futtermittel über Mineralien und Vitamine bis zur Anatomie und Physiologie der Verdauung. Damit bei all dem kompakten Wissen die Kernaussagen nicht verloren gehen, befindet sich am Ende eines jeden Kapitels eine Übersicht über die Punkte, die für die Pferdefütterung besonders relevant sind.

Aus dem Verständnis dieser Voraussetzungen ergeben sich wesentliche Anforderungen an das Pferdefutter. Nur wer sie kennt, kann das Futter sinnvoll auswählen, kann einen passenden Futterplan zusammenstellen. Im nachfolgenden Praxisteil des Buches wird es dann darum gehen, dieses Wissen umzusetzen in eine gesunde Fütterung. Es wird eingegangen auf die objektive Beurteilung des Futterzustandes, den Erhaltungsbedarf eines Freizeitpferdes, Bedürfnisse eines alten Pferdes und auf die speziellen Anforderungen bei körperlicher Leistung, sei es im Sport oder der Zucht.

Einige Erkrankungen erfordern zudem eine gezielte Futterauswahl, um den Gesundungsprozess zu begleiten oder einfach nur einen stabilen, lebenswerten Zustand zu erhalten. Daher geht der Praxisteil auf häufige Pferdekrankheiten ein wie das Equine Metabolische Syndrom (EMS), die Muskelerkrankungen PSSM1 und PSSM2, Magenschleimhautentzündung und viele mehr, die durch gezielte Fütterung und einige Futterergänzungsmittel günstig beeinflusst werden können.

Dabei wird jeweils die Krankheit kurz erläutert, damit deutlich wird, welche Anforderungen sich daraus für die Fütterung und Haltung ergeben. Das Buch ist keine Diagnoseanleitung. Immer sollte eine Diagnose durch eine entsprechend ausgebildete Person, also eine Tierärztin oder einen Tierheilpraktiker gestellt werden. Gerade auch wenn man selbst schon viel weiß, es fehlt immer der nötige emotionale Abstand zum eigenen Tier, objektiver medizinischer Rat ist bei kranken Tieren in jedem Fall sehr wichtig. Am Ende dieses Buches können Sie dann selbst beurteilen, welche Futtermittel für Ihr Pferd richtig sind. Sie können einschätzen, ob die Basisernährung passt, egal ob in Eigenregie oder im Pensionsstall. Sie können die Zusammensetzung des Mineralfutters beurteilen und den Wert eines Müslis abschätzen. Sie sind unabhängig von den kommerziellen Interessen der Industrie und lassen sich auch durch ungefragte Ratschläge nicht mehr beirren. Ihr Pferd wird es danken mit erkennbarem Wohlbefinden.

Wissensteil

Inhaltsstoffe der Futtermittel, Rolle der Mineralstoffe und Vitamine, die besondere Anatomie und Physiologie der Pferdeverdauung

F: Heu
Müsli
A Heu
2 Tabletten
1 Müsli

Pferdehaltung und -fütterung im Laufe der Zeit

Traditionen beeinflussen die Pferdeernährung bis heute, daher lohnt es sich, einen kurzen Blick zurück zu werfen in die Zeit, in der das Pferd kein Partner für ein wunderbares Hobby war, sondern Militärpferd, Transportmittel oder Helfer beim Ackerbau.

Über Generationen entstandene Gepflogenheiten ändern sich nicht so schnell. Da hat sich manches etabliert, was heute nicht mehr sinnvoll erscheint.

Die Nutzung der Pferde hat sich grundlegend verändert und dies hat erheblichen Einfluss auf die Fütterung. Dieser Wandel setzte im und nach dem Zweiten Weltkrieg ein, ist also weniger als 100 Jahre her. Kein Soldat lernt heute noch zu reiten. Bauern fahren mit Traktoren aufs Feld. Dieser „Schlepperboom“ ist vor allem ein Phänomen der 1950er Jahre. Früher arbeitete ein Pferd täglich viele Stunden. Dadurch verkürzte sich die Zeit, die zum Fressen zur Verfügung stand. Fresszeiten von bis zu 16 Stunden am Tag, wie sie durchaus natürlich sind, konnten dann deutlich zusammenschrumpfen, wenn auch noch Zeit zum Dösen oder Schlafen bleiben sollte. Außerdem war die Arbeit oft sehr anstrengend. Nur wenige Pferde ziehen heute schwere Kutschen oder pflügen Felder. Am ehesten vergleichbar mit damals ist die Belastung vor allem mit Blick auf den zeitlichen Umfang noch bei Pferden im Vielseitigkeits- oder Distanzsport oder im Tourismus.

Anstrengende Arbeit und verkürzte Fresszeiten bedingten, dass Futter mit höherer Energiedichte gegeben werden musste. Und dann wird es nachvollziehbar, warum noch in den 1970ern in gängigen Lehrbüchern stand, ein Pferd brauche 5 bis 6 kg Heu und 5 bis 6 kg Hafer pro Tag.

Die Situation ist heute für die meisten Pferde völlig anders. Und daher ist auch eine andere Fütterung sinnvoll und möglich, die deutlich

Heutige Freizeitpferde haben ein ganz anderes Leben als Arbeits- oder Militärpferde früher

näher am natürlichen Futterplan der Pferde liegt und die daher auch gesünder ist. Geändert hat sich glücklicherweise nicht nur die Nutzung, sondern auch die Haltung. Oft wurden Pferde früher in Ständerhaltung untergebracht, Pferdeboxen galten bereits als Luxus. Weidegang war in erster Linie für Zuchtstuten und heranwachsende Pferde gedacht. Die anderen Pferde standen im Stall, wenn nicht mit ihnen gearbeitet wurde. Montags war Ruhetag.

Heute ist Weidegang oder anderer Auslauf für mehrere Stunden täglich in allen guten Ställen selbstverständlich. Die Anbindehaltung ist aus Tierschutzgründen verboten. Bei der Fütterung ist der Weidegang natürlich in die Überlegungen unbedingt mit einzubeziehen.

Die heutzutage vielerorts praktizierte Gruppenhaltung ist für die meisten Pferde wunderbar und nahe an der natürlichen Lebensart der Tiere. Dennoch birgt auch diese Haltung ihre Tücken. Da ist zum einen die Gruppenzusammenstellung. Die Gruppendynamik ist dabei in einer Haltung mit 24 Stunden Gemeinschaft viel ausgeprägter als bei stundenweisem Koppelgang tagsüber kombiniert mit Boxenhaltung nachts. Die Trennung der Geschlechter schafft in aller Regel mehr Ruhe als eine gemischte Gruppe. Oft kann es sinnvoll sein, einen Wallach in die Stutenherde zu stellen, damit die Leitstute weiß, dass der zuständige Herdenverteidiger verfügbar ist. Mischt man mehrere Wallache mit Stuten unabhängig von der Zahl der weiblichen Tiere, entsteht eine Konkurrenz zwischen den Wallachen. Es bilden sich keine Pärchen aus, vielmehr versammelt ein Wallach einen Stutenharem und die männlichen Konkurrenten werden bekämpft. Da können dann auch ansonsten sehr friedliche und soziale Wallache zu aggressiven Tieren werden.

Der Altersmix in einer Herde ist ebenfalls ein wichtiger Faktor. Die ruhige Rentnergang ist nicht glücklich, wenn auf einmal ein Jungspund den Laden aufmischt. Jungpferde brauchen Spielkameraden, ältere Pferde müssen sich auch mal zurückziehen können, wenn sie sich vorübergehend nicht so fit fühlen. Auch die Durchmischung der Rassen kann eine wichtige Rolle spielen. Da kann es durchaus zu Mobbing kommen, wenn beispielsweise ein Warmblut zwischen vielen Haflingern steht. Bewegungsfreudige Vollblüter oder andere Rassen mit hoher Aktivität sind nicht die idealen Gruppenpartner für Kaltblüter.

Wichtig in der Gruppenhaltung sind außerdem zwei Dinge, die direkt in die Ernährungssituation hineinspielen. Zum einen brauchen Pferde für die Nacht einen trockenen Liegeplatz mit verformbarem Boden. Diese Liegeflächen müssen groß genug für die Herde sein und müssen so gestaltet werden, dass alle Zugang finden. Pferde, die nicht adäquat ausruhen können, können an Gewicht verlieren. Der andere Punkt ist die Anzahl der Fressplätze. Diese muss über der Zahl der Pferde liegen und die Fressplätze müssen so weit auseinander liegen, dass rangniedrige Tiere fressen können, ohne sich von anderen bedroht zu fühlen. Ansonsten liegt auch hier eine häufige Ursache für Abmagerung. Es können auch durchaus genügend Fressplätze vorhanden sein und

Historischer Stall mit Ständerhaltung, Gestüt Georgenburg, Tschernjaehowsk in der Oblast Kaliningrad

dennoch wird ein Pferd so gemobbt, dass es nicht zum Fressen kommt. Da nützt alles Theoretisieren nichts. Im Zweifelsfall muss man sich mal in Ruhe neben dem Auslauf aufhalten und die Herde beobachten.

Gut zugängliches Heu ist elementar für die Fütterung von Pferden, ohne geht es nicht. In der Gruppenhaltung ist das Heu meist frei verfügbar. In der Boxenhaltung wird das Heu in aller Regel individuell zugeteilt. Wie viel Heu ist aber nun sinnvoll? Eine leidige Diskussion mit manchem Stallbetreiber kann sich daraus entwickeln. Dabei lässt sich das gut berechnen. Hafer hat bis heute einen hohen Stellenwert in der Pferdefütterung, wenn erhöhter Energiebedarf besteht. Daneben gibt es Müslis in den verschiedensten Variationen. Nicht jedes Müsli ist wirklich ein gut geeignetes Futter, es muss zum jeweiligen Pferd und seinen Anforderungen aus Nutzung und Gesundheit passen.

Einige typische Futtermittel werden in den folgenden Kapiteln betrachtet. Wie ernähren sie ein Pferd eigentlich, was ist drin, wie werden sie verdaut? Es geht los mit Heu, das die wichtigste Basis einer gesunden Pferdeernährung darstellt.

Heu und Stroh

Raufutter ist die wichtigste Ernährungsgrundlage für Pferde. Gutes Pferdeheu und geeignetes Stroh sind daher von zentraler Bedeutung.

Heu

Eigentlich könnte dieses Buch mit ein paar Sätzen erledigt sein. Ein gesundes Freizeitpferd ist richtig ernährt mit gutem Heu und einem passenden Mineralfutter. Das reicht. Mehr ist oft eher schädlich als nützlich. Besonders an der Heuqualität und der geeigneten Heumenge jedoch können sich erhebliche Diskussionen entzünden. Was also ist gutes Pferdeheu und warum ist es so wichtig?

Gutes Pferdeheu

Gutes Pferdeheu ist grundsätzlich arm an Nährstoffen und hat lange feste Halme. Es staubt kaum und ist nicht verschimmelt. Es enthält keine Giftpflanzen, dafür aber gerne auch mal getrocknete Kräuter wie Brennnesseln oder Disteln und nicht nur Gras.

Heu ist getrocknetes Gras vom ersten Schnitt des Grünlands. Der zweite Schnitt ist kein Heu. Er hat in vielen Gegenden daher auch einen eigenen Namen, je nach Landstrich zum Beispiel Grummet, Öhmd oder Ettgrön. Der zweite Schnitt ist weicher und nährstoffreicher. Insgesamt ist er wegen seines geringeren Faseranteils und seines höheren Futterwerts für Pferde nicht geeignet.

Zusammensetzung

Zwar ist Heu als trockenes Futter relativ nahe an der ursprünglichen Ernährung eines Pferdes in der Steppe, in der typischerweise keine üppigen grünen Wiesen zu finden sind. Dennoch gibt es natürlich Unterschiede. Das hiesige Grünland ist eine Kulturlandschaft, die gezielt als Futterfläche vor allem für Rinder angelegt wurde. Entsprechend wachsen darauf besonders nahrhafte Gräser. Der Nährwert der Gräser wird eingestuft durch die Futterwertzahl nach Klapp. Die Skala reicht von 0 = kein Futterwert bis 8 = höchster Futterwert. Die überwiegende Zahl der Gräser auf dem Grünland, das zur Heugewinnung dient, hat die Futterwertzahl 7 oder 8.

Meist stehen auf dem Grünland außerdem verschiedene Kleearten. Diese gehen bei der Heuernte weitgehend verloren, die getrockneten Blättchen rieseln durch. Ihr Wert für die Fläche liegt vor allem in der Verbesserung des Bodens durch die Anreicherung mit Nitrat. Darauf soll beim Thema Weideland ab Seite 68 näher eingegangen werden.

Als dritte Pflanzengruppe findet man auf dem Grünland die Kräuter. Getrocknete

So sieht gutes
Pferdeheu aus

Brennnesseln beispielsweise sind auch im Heu vorhanden und werden oft von den Pferden gerne gefressen. Auch die Ackerkratzdistel finden manche Pferde lecker. Hahnenfuß wird durch das Trocknen für Pferde genießbar. Daneben gibt es Pflanzen wie beispielsweise das Johanniskraut, die Pferde weder frisch noch getrocknet fressen. Daher werden von Johanniskraut nur selten größere Mengen aufgenommen, die dann zur Photosensibilisierung, also einer erhöhten Lichtempfindlichkeit der Haut führen.

Bei manchen Pflanzen ist der Trocknungsvorgang jedoch eine Gefahrenquelle. Allen voran sei hier das Jakobskreuzkraut genannt. Frisch wird es von den Pferden nicht gefressen, im getrockneten Zustand dagegen schon. Allerdings verliert es durch den Trocknungsvorgang nicht seine Giftigkeit. Flächen, die zur Heugewinnung dienen, müssen also unbedingt frei von Jakobskreuzkraut sein. Die Vergiftung mit Jakobskreuzkraut schädigt die Leber. Die giftige Dosis reichert sich über das gesamte Leben des Pferdes an. Johanniskraut und Jakobskreuzkraut werden manchmal verwechselt, da sie beide gelb blühen und etwa kniehoch werden. Blatt- und Blütenform unterscheiden sich jedoch deutlich. Jakobskreuzkraut ist zweijährig und kann daher durch Ausstechen vor Aussaat kontrolliert werden.

Ebenfalls gelb blühend ist die Sumpfschwertlilie, die gern an Bachläufen steht. Ähnlich wie das Jakobskreuzkraut wird sie frisch nicht gefressen, getrocknet aber schon. Auch ihr Gift ist im trockenen Zustand noch wirksam. Es führt vor allem zu Magen-Darm-Beschwerden bis hin zu blutigen Durchfällen. Der Eintrag ins Heu lässt sich vermeiden, wenn man Heu nicht direkt am Bachlauf gewinnt. Etwas beruhigend ist die Tatsache, dass die unterirdisch wachsenden Rhizome das meiste Gift enthalten. Diese gelangen nicht ins Heu. Große Mengen der Blätter sind natürlich dennoch problematisch.

Heuernte

Der Wert des Heus für die Pferdeernährung wird also zunächst einmal durch die Artenzusammensetzung der Pflanzen auf dem Grünland definiert. Zeitpunkt des ersten Schnitts und Sorgfalt bei der Heuernte sind weitere wichtige Faktoren, die Heu zu gutem Pferdeheu machen.

Der Schnittzeitpunkt ob nun im Mai, Juni oder Juli spielt eine wichtige Rolle. Je später das Heu geerntet wird, desto mehr ist es verholzt. Damit sinkt der Futterwert, denn die verholzten Anteile kann das Pferd nicht verwerten. Das ist in den meisten Fällen wünschenswert. Auch wird das Pflanzenmaterial härter, veranlasst das Pferd also dazu, länger zu kauen. Das ist wegen des gründlichen Einspeichelns gut für die Verdauung und es beschäftigt die Pferde.

Wird das Heu relativ früh geerntet, steht es womöglich noch in der Blüte. Pollenallergische Pferde sind dann die Leidtragenden, für sie sollte es wie für die meisten Pferde idealerweise ein später erster Schnitt sein. Bei einem Spätschnitt nach dem 15. Juni trägt das Gras überwiegend bereits Früchte, was für Allergiker günstig ist. Die nahrhaften Grassamen rieseln bei der Ernte und dann vor allem auch beim Aufschütteln zu einem gewissen Teil durch, ein Umstand, den man sich bei übergewichtigen Pferden zunutze machen sollte. Allerdings nützt das Aufschütteln natürlich nur etwas, wenn man dies abseits der eigentlichen Futterstelle durchführt. Ansonsten können entsprechende Pferde wie ein Staubsauger auch den letzten Grassamen noch zusammenklauben.

Alte Pferde mit schlechten Backenzähnen sind eine Zielgruppe für einen frühen ersten Schnitt. Dann ist das Gras weicher und nahrhafter.

Sorgfalt bei der Heuernte ist für die Qualität entscheidend. Unbedingt muss auf ausreichende Trocknung geachtet werden, da das Futter sonst schimmelt, was für die empfindlichen Atemwege der Pferde eine Katastrophe ist und die Leber schädigt. Grundsätzlich muss ein Heuballen, der offensichtlich schimmelige Teile enthält, komplett entsorgt werden. In der Realität findet dies nur selten statt, da Heu zunehmend knapper und teurer wird. Die kleinen Heuballen mit 10 kg sind selten geworden und wer entsorgt schon 250–350 kg eines Rundballens wegen einer schimmeligen Stelle? In jedem Fall aber ist wenigstens der schimmelige Teil großzügig zu entfernen.

Wie lange getrocknet werden muss, ergibt sich aus verschiedenen Faktoren. Je mehr Kräuter in der Wiese stehen, desto länger muss getrocknet werden. Sind die Tage sonnig und windig, beschleunigt das den Vorgang erheblich. Wichtig für die Heuqualität ist auch die Einstellung des Mähwerks. Wird in zu geringer Höhe gemäht, landen größere Mengen an Erde im Heu. Auch Maulwurfshügel sind ein Problem und verursachen den Eintrag von Erde bei der Heuernte. Heuwiesen werden daher im zeitigen Frühjahr abgeschleppt, was Maulwurfshügel verteilt. Erde im Heu ist insbesondere für den Blinddarm eines Pferdes gefährlich, was auf Seite 80 näher erläutert wird.

Für gutes Pferdeheu hat der Bauer dann das Heu also lange genug trocknen lassen und hat auch beim Pressen der Ballen darauf geachtet, nicht über die Schwarte zu fahren. Diese Nachlässigkeit nämlich drückt das getrocknete Heu nochmal direkt vor dem Pressen in den feuchten Boden, was dann zu einzelnen schimmeligen Stellen mitten im Heuballen führt.

Hat es in das Heu nach der Mahd hinein regnet, weil das Wetter sich nicht an die Vorhersage gehalten hat, dann muss dies zwingend Anlass sein, das Heu länger liegen zu lassen. Es muss wirklich trocken sein. Ansonsten kann es zu fein verteilter Schimmelbildung kommen, die das Heu unangenehm stauben lässt und stark reizend für die Atemwege der Pferde ist.

Und dann verdirbt jedes noch so sorgfältig eingebrachte Heu, wenn es nicht sachgerecht trocken gelagert wird. Der klassische Heuboden unterm Dach ist dafür gut geeignet, denn dort werden die Ballen auch von unten nicht feucht. Wird direkt auf dem Fußboden der Scheune gelagert, muss der Boden Luftzirkulation zulassen. Das lässt sich beispielsweise durch Paletten erreichen. Auch eine Strohunterlage kann diesen Zweck erfüllen. Eine Lagerung draußen ist ebenfalls möglich mit entsprechendem Unterbau und gut fixierten Planen zum Regenschutz.

Niemals darf Hafer oder das wohlklingendste Müsli die Heufütterung ersetzen. Wenn an der Futterration gekürzt wird, dann zuerst am Kraftfutter.

Kohlenhydrate im Heu

Cellulose

Für die Pferdeernährung wichtigster Bestandteil von Heu ist Cellulose, die in die Zellwände aller pflanzlichen Zellen eingelagert ist. Cellulose ist aus Glucose aufgebaut, die langen Ketten können zehntausende von Glucosemolekülen enthalten. Das Zuckermolekül Glucose ist eigentlich die ideale Energiequelle für Zellen. Dummerweise haben Säugetiere, also auch Pferde, keine geeigneten eigenen Werkzeuge in Form von Enzymen im Darm, um die Glucose aus den langen Ketten der Cellulose herauszuschneiden. Weil sie nicht auf diesem Weg verdaut werden kann, gehört Cellulose zu den strukturellen Kohlenhydraten. Cellulose ist für Menschen Ballaststoff, rutscht also durch.

Pflanzenfresser können sich diesen Luxus der ungenutzten Energie aus Cellulose nicht leisten. Also engagieren sie Mikroorganismen für den Job und verwerten dann deren Abbauprodukte. Pferde beherbergen diese Angestellten im Dickdarm, Kühe lösen das Thema mit mehreren Mägen. Wie das bei Pferden im Dickdarm abläuft, was die Mikroorganismen der Darmflora leisten, dazu mehr im Kapitel zur Anatomie ab Seite 74.

Diese Ernährung mittels struktureller Kohlenhydrate ist die gesündeste Form der Energiezufuhr für das Pferd. Die Abbauprodukte der angestellten Mikroorganismen sind keine Zuckermoleküle mehr, es entstehen kleinere, energieärmere Verbindungen. Diese kleineren Kohlenwasserstoffe werden ins Blut aufgenommen. Es wird also kein Zucker resorbiert, entsprechend erhöht diese Ernährung nicht direkt den Blutzucker.

Heu, das von Natur aus vorwiegend strukturelle Kohlenhydrate enthält, ist entsprechend die wichtigste Futtergrundlage. Erst wenn ein Pferd mehr Energie verbraucht, als es mit Heu aufnehmen kann, sollte es zusätzlich Kraftfutter bekommen.

Niemals darf Hafer oder das wohlklingendste Müsli die Heufütterung ersetzen. Wenn an der Futterration gekürzt wird, dann zuerst am Kraftfutter.

Stärke, Zucker und Fruktane

Heu enthält außerdem Stärke, Zucker und Fruktane, die als wasserlösliche Kohlenhydrate zusammengefasst werden.

Stärke besteht wie Cellulose ebenfalls aus Glucose. Im Fall der Stärke sind die Glucosemoleküle so verknüpft, dass Pferde sie ohne Hilfspersonal im Dünndarm herausschneiden und dort ins Blut aufnehmen können. Dieser Prozess führt zur Erhöhung des Blutzuckers. Das ist der große Unterschied zwischen Stärke-Verdauung im Dünndarm und Cellulose-Verdauung im Dickdarm. Ein geringer Stärkegehalt im Heu ist daher vor allem für übergewichtige Pferde erstrebenswert. Stärke bezeichnet man wegen der Verdaulichkeit im Dünndarm als leicht verdauliches Kohlenhydrat.

Fruktane sind für die Pflanze ebenfalls eine Möglichkeit, Energiespeicher anzulegen. Sie dienen insbesondere der Überbrückung der Nacht, in der es wegen der Dunkelheit keine Photosynthese geben kann. Fruktane enthalten anstelle von Glucose den Zucker Fructose. Pferde können sie nicht direkt abbauen. Fruktane werden durch die

Mikroorganismen im Dickdarm verdaut und sie haben sich den Ruf erworben, in größeren Mengen Hufrehe auszulösen. Dem Thema Hufrehe wird ein eigenes Kapitel ab Seite 142 gewidmet, in dem es auch um die Rolle der Fruktane gehen wird. Wichtig an dieser Stelle ist festzuhalten, dass Heu auch immer Fruktane enthält. Fruktan-freies Heu gibt es nicht.

Daneben enthält Heu Fette und Eiweiß = Proteine. Die Menge an hochwertigen Proteinen, wie sie für die Pferdeernährung wichtig sind, wird durch eine ausreichende Heufütterung beim gesunden Freizeitpferd voll abgedeckt. Der Eiweißbedarf ist nur dann ein Grund, Kraftfutter hinzuzugeben, wenn besondere Leistungsanforderungen bestehen oder bestimmte Erkrankungen wie PSSM2 vorliegen. Fette sind insbesondere in den Grassamen enthalten und bieten dort auch die erforderlichen ungesättigten Fettsäuren, die für die Ernährung essentiell sind.

Qualitätsprüfung

Zunächst einmal sollte man sich der eigenen Sinne bedienen. Die sagen schon sehr viel über die Heuqualität aus.

Eine erste Prüfung übernehmen die Augen.

- Gutes Pferdeheu ist grün bis gelblich, keinesfalls grau. Ein später erster Schnitt, wie er in der Regel für Pferde ideal ist, hat keine schöne grüne Farbe mehr. Durch das Verholzen werden die Halme gelblicher.

- Die Heuhalme sollten möglichst lang sein. Das regt die Kautätigkeit an, führt zu einem gründlichen Einspeicheln des Futterbreis und fördert so den gesunden Verdauungsprozess des Pferdes.

- Das Heu sollte beim Aufschütteln kaum stauben. Richtig staubfreies Heu gibt es nicht und je länger ein Heuballen in einer Scheune liegt, desto mehr Staub lagert sich von außen ab. Man sollte in diesem Fall also das Stauben beim Aufschütteln von Teilen innerhalb des Ballens betrachten.

- Sind im Heu große Batzen Erde oder schimmelige Stellen, handelt es sich um schlechte Qualität. Erde ist ein Problem für die Pferdeverdauung, vor allem für den Blinddarm. Das wird im anatomischen Teil ab Seite 74 deutlich werden.

- Schimmeliges Heu darf keinesfalls gefüttert werden. Schimmelpilz reizt insbesondere die Atemwege. Ferner enthält er Gifte, die vor allem die Leber schädigen.

Der Tastsinn ist auch hilfreich.

- Ideales Pferdeheu ist fest und pikst vielleicht ein bisschen. Es mag nicht das beste Heu für ein Bett sein, aber ein Pferd mit gesunden Zähnen ist damit optimal ernährt.

Die wichtigste Prüfung der Heuqualität erfolgt mittels der Nase.

- Gutes Heu duftet auch noch nach einem Jahr sachgemäßer Lagerung nach Wiese. Die Nase ist ein sehr sensibles Organ für das Aufspüren von muffig schimmeligem Geruch.

Natürlich kann man das alles auch genauer analysieren mit Werten schwarz auf weiß. Das kann sinnvoll sein, wenn man die Heuqualität eines Lieferanten beurteilen will und gegebenenfalls die Möglichkeit hat, einen anderen zu wählen. Auch bei übergewichtigen

Links und rechts zwei verschiedene erste Schnitte, beide sind gutes Pferdeheu. Heu ist ein Naturprodukt

Aufbau der Kohlenhydrate

- Kohlenhydrate
  - strukturelle Kohlenhydrate (Cellulose)
  - wasserlösliche Kohlenhydrate
    - leicht verdauliche Kohlenhydrate (Stärke, Zucker)
    - Fruktane

Pferden ist es für die Rationsberechnung hilfreich, das Heu genauer zu analysieren. Wird allerdings zur freien Verfügung – also *ad libitum* – gefüttert und hat man eigenes Heu, das man selbst sorgfältig erntet, dann ist eine durchaus teure Heuanalyse oft wenig sinnvoll, denn was will man schon ändern. Das Wetter? Die Geologie? Man könnte allenfalls die Flächen mit anderen Gräsern neu ansäen.

Ein wesentlicher Faktor für die Heuqualität ist das Wetter, das sich der Manipulation entzieht. Je sonniger es direkt vor und bei der Heuernte ist, desto mehr wasserlösliche Kohlenhydrate wie Stärke, Fruktane und Zucker enthält das Heu. Mehr Licht führt zu mehr Photosynthese und dadurch entstehen wasserlösliche Kohlenhydrate. Die Geologie beeinflusst die Zusammensetzung der Mineralien im Heu. Daran lässt sich nicht viel ändern. Für die Wahl eines geeigneten Mineralfutters kann eine Heuanalyse allerdings hilfreich sein. Das genügt dann einmalig, wenn immer auf den gleichen Flächen geerntet wird. Verändern lässt sich die Artenzusammensetzung auf dem Grünland und damit natürlich auch im Heu durch gezielte Aussaat von wünschenswerten Gräsern, gezielte Düngung oder das Kalken übersäuerter Flächen. Dazu mehr beim Thema Weideland ab Seite 68.

Hat man das eigene Pferd in einem Pensionsstall stehen, ist man darauf angewiesen, dass der Stallbetreiber gutes Heu produziert oder einkauft. Es ist im Zweifel jedoch hilfreich, wenn man sich ein realistisches Bild vom Futter macht, das das Pferd erhält. Gelbes Heu ist vielleicht nicht so schlecht, wie man erst denken mag. Manches wie das Wetter entzieht sich auch dem Einfluss des gutwilligsten Stallbetreibers. Ergeben sich vernünftig begründete, veränderbare Kritikpunkte, kann man in einigen Fällen gemeinsam gute Lösungen finden. Manchmal allerdings hilft nur ein Stallwechsel.

Verschiedene Labore bieten Heuanalysen an, die zusätzliche Informationen liefern:

- Gehalt an Rohasche, was vor allem Auskunft gibt über den Anteil an Staub und Erde
- Rohfasergehalt
- Rohfettgehalt
- Gehalt an wasserlöslichen Kohlenhydraten (Stärke, Fruktane, Zucker)
- Anteil von Fruktanen an den wasserlöslichen Kohlenhydraten
- Gehalt an verschiedenen Mineralien und Spurenelementen
- umsetzbare Energie in Megajoule (MJ)
- präcaecal verdauliches Rohprotein in Gramm (pcv Rp in g)

Ein hoher Rohfasergehalt und ein geringer Anteil an Zucker sind erstrebenswert. Der Anteil der Fruktane an den wasserlöslichen Kohlenhydraten beträgt in der Regel um 50 %. Die umsetzbare Energie errechnet sich aus den verschiedenen analysierten Bestandteilen und ist wiederum eine wichtige Grundlage für die Rationsberechnung. Präcaecal verdauliches Rohprotein bezeichnet jenen Anteil am Eiweiß, das das Pferd im Dünndarm und somit vor dem Blinddarm (Caecum) verdauen kann. Nur dieses Eiweiß steht dem Pferd für die Ernährung zur Verfügung. Nach der Passage durch den Dünndarm können Eiweißbestandteile nicht mehr aufgenommen werden. Dazu mehr bei der Beschreibung des Dünndarms ab Seite 79. Zum Proteinbedarf mehr im Praxisteil des Buches.

Heuration

Als Faustformel für die Heuration gilt der Wert 2 kg Heu je 100 kg Lebendmasse eines Pferdes. Das wären also 12 kg Heu für einen Warmblüter von 600 kg. Das passt zu, soweit keine weiteren Leistungsanforderungen bestehen und es nicht zu kalt ist. Dies gilt für die enthaltene Energie und das verwertbare Eiweiß. Wie dieser Wert zustande kommt, unter welchen Bedingungen er wirklich zutrifft und wie man das genauer berechnet, dazu mehr beim Punkt Erhaltungsbedarf ab Seite 100. Gerade für die ganz großen mit 800 kg Lebendmasse oder die ganz kleinen Ponys stimmt die Faustformel nur bedingt.

Heufütterung

Von der Körperhaltung her ist die Bodenfütterung ideal. Das ist die natürliche Art der Futteraufnahme für ein Pferd. Dehnungshaltung ganz ohne reiterlichen Einfluss. Legt man das Futter allerdings einfach nur hin, besteht die Gefahr, dass es im Stall untergewühlt oder durch Pferdeäppel verunreinigt wird. Das Unterwühlen ist ärgerlich, denn als Einstreu ist Heu zu teuer und auch nicht wirklich gut geeignet. Verunreinigung ist besonders mit Blick auf Wurmeier im Kot und damit auf die Parasitenkontrolle ein Problem. Durch feuchten Boden kann es auch schnell schimmeln, sandiger Boden birgt die Gefahr der Aufnahme von Sand. Viele Pferde legen jedoch durchaus eine gewisse Sorgfalt im Umgang mit Heu an den Tag, so dass dies eine durchaus praktikable Form sein kann.

Heuraufen erhöhen den Ort des Fressens. Problematisch werden sie dann, wenn die Pferde den Kopf sehr hoch heben oder

Ein engmaschiges Heunetz kann die Fresszeiten verlängern

Heucobs müssen immer eingeweicht werden

verdrehen müssen, um das Heu hinauszuziehen. Das belastet das Genick und teilweise auch den Rücken. Ansonsten sind **Heuraufen** eine gute Möglichkeit vor allem in der Gruppenhaltung, den Zugang *ad libitum* zu ermöglichen. **Heunetze** zur Abdeckung des Heus in den Futterraufen verhindern vor allem, dass das Heu gleichmäßig um die Heuraufe verteilt wird. Je nach Maschengröße können sie auch die Futteraufnahme verlangsamen, wobei manche Pferde ein erstaunliches Geschick entwickeln können und genau so viel fressen wie ohne Heunetz.

Heunetze gibt es natürlich auch, um das Heu aufzuhängen. Hier kommt schnell wieder das Problem des verdrehten oder überstreckten Genicks ins Spiel, wenn die Heunetze zu beweglich aufgehängt sind. Allgemeingültige Aussagen kann man an dieser Stelle nicht treffen. Im Zweifelsfall sollte man das einzelne Pferd beim Fressen aus dem Heunetz beobachten.

Eine andere Variante ist das Fressgitter. Hier kommt man recht nahe an die Bodenfütterung, ohne dass das Heu verunreinigt oder untergewühlt werden kann. Fressgitter sollten allerdings von fachkundigen Personen konzipiert werden, da sonst Verletzungsgefahr durch Einklemmen des Pferdes oder Verdrehen des Halses besteht. Es gibt auch Boxen, die im Stile eines Fressgitters das Vorlegen des Heus vor der Box ermöglichen.

Heucobs

Die Unterschiede bedingt durch den Schnittzeitpunkt, die Bodenqualität, die Artenzusammensetzung des Grünlands, aber auch durch Wetterbedingungen zur Heuernte

Heulage lässt sich gut draußen lagern, ist allerdings als Pferdefutter nur bei Atemwegserkrankungen ein akzeptabler Kompromiss

können auch den Unterschied im Futterwert verschiedener Heucobs erklären. Manche Hersteller machen keine Angaben zum Gehalt an Energie und Eiweiß. Dann sollte man für die Berechnung einer Futterportion die Standardwerte für Heu zugrunde legen.

Heucobs müssen unbedingt vor der Fütterung ausreichend eingeweicht werden. Die Vorgaben des jeweiligen Herstellers geben eine Orientierung. Die Cobs müssen in jedem Fall zerfallen und ausreichend feucht sein, bevor das Pferd sie aufnimmt. Egal also, welche Einweichzeit empfohlen wird, die Konsistenz muss stimmen. Es droht sonst eine Schlundverstopfung, sprich ein Verschluss der Speiseröhre, was ein tiermedizinischer Notfall ist. Dieses Einweichen birgt Probleme in der Routinefütterung in großen Reitanlagen oder auch in Offenställen. Im Winter können bereitgestellte eingeweichte Heucobs gefrieren, im Sommer vermehren sich darin die Hefepilze besonders gut.

Der Vorteil der Heucobs ist auch ihr Nachteil. Die Halme sind sehr kurz. Daher sind sie für Pferde mit schlechten Backenzähnen, also insbesondere für alte Pferde, eine wichtige Futtergrundlage. Da sie so kurz sind, bieten sie allerdings nicht genügend Anreiz zum Kauen, weshalb sie Pferde nicht ausreichend beschäftigen.

Heulage

Für die Herstellung von Heulage wird halbwelkes geschnittenes Gras verwendet. Da die Trocknung eines zweiten oder späteren Schnitts wegen des höheren Energiegehalts und der kürzeren Tage schwieriger ist, wird dieser gern zu Heulage verarbeitet. Entsprechend hat manche Heulage einen höheren Energiegehalt als Heu. Wird ein erster Schnitt für die Herstellung der Heulage verwendet, ist der Energiegehalt mit Heu vergleichbar. Der zweite Schnitt enthält insbesondere mehr Eiweiß als der erste Schnitt.

Bei der Produktion von Heulage wird das halbwelke Gras luftdicht in Folien eingeschweißt. Dann machen sich die Laktobazillen an die Arbeit. Diese auch Milchsäurebakterien genannten Mikroorganismen werden noch häufiger im Buch vorkommen. Sie spielen auch eine Rolle bei der Magen- und Darmflora. Hier bei der Herstellung von Heulage dient die Produktion der Milchsäure der Konservierung. Wegen des Gehalts an Milchsäure und Laktobazillen ist Heulage für Pferde nur bedingt geeignet. Für Pferde mit Atemwegserkrankungen ist sie eine Form der staubfreien Fütterung, allerdings bleibt dies immer ein Kompromiss. Alle anderen Pferde sollten keine Heulage erhalten. Gänzlich ausgeschlossen ist sie für alle magenkranken Pferde und für Pferde mit Störungen der Darmflora. Auf die Gründe soll bei den jeweiligen Erkrankungen näher eingegangen werden.

Ein weiteres Problem der Heulagefütterung ist, dass der Ballen nach dem Öffnen der Folie abhängig von den Umgebungsbedingungen innerhalb weniger Tage zu schimmeln beginnen kann. Wird also ein einzelnes Pferd mit Heulage gefüttert, eignen sich die üblichen Rundballen nicht. Das Futter schimmelt definitiv, bevor das Pferd den Ballen verbraucht hat. Schimmel bildet sich auch, wenn die Folie bei der Handhabung oder Lagerung beschädigt wurde, wodurch der gesamte Ballen unbrauchbar wird.

Es kommt auch in seltenen Fällen zu schweren, teils tödlichen Vergiftungen, wenn tote Tiere, beispielsweise Mäuse, in die Heulage mit eingewickelt werden. Durch den Luftabschluss kann es im Fleisch des Tieres zur

BIOCHEMIE EXTRA

FÜR JENE, DIE ES GENAUER WISSEN WOLLEN

Kohlenhydrate

Kohlenhydrate sind aufgebaut aus Zuckermolekülen, die wiederum aus den Elementen Kohlenstoff, Wasserstoff und Sauerstoff bestehen. Liegen diese Zucker einzeln vor, sind sie wasserlöslich und schmecken süß.

Glucose ist das Zuckermolekül, das ideal für die Energiegewinnung in der Zelle geeignet ist. Glucose ist Baustein von Cellulose und von Stärke.

Lignin

Beim Verholzen wird Lignin eingelagert. Dessen Grundeinheit ist kein Zucker, Lignin schmeckt nicht süß und ist kein Kohlenhydrat. Lignin ist ein festes Polymer aus phenolischen Molekülen. Es ist nicht verdaulich, nicht wasserlöslich und hat eine gelbliche bis bräunliche Farbe. Bis zu 30 % der Trockenmasse verholzter Pflanzen kann aus Lignin bestehen.

Weizenstroh wird oft als Einstreu verwendet

Vermehrung der lebensgefährlichen Bakterien der Art *Clostridium botulinum* kommen. Das Botulinustoxin – ja, das ist Botox – ist das stärkste bekannte Gift überhaupt.

Stroh

Stroh dient meist als Einstreu, kann aber auch die Fütterung ergänzen. Sein geringerer Energiegehalt im Vergleich zu Heu macht es für übergewichtige Pferde attraktiv in der Mischung mit Heu. Alleinige Strohfütterung sollte wegen der Gefahr von Verstopfungen vermieden werden. Im Gegensatz zu Heu ist Stroh stärker verholzt. Diese verholzten Anteile sind unverdaulich und sind der Grund für die stopfenden Eigenschaften.

Haferstroh wird von Pferden meist gern gefressen, es ist etwas weicher als das Stroh aller anderen Getreide. Entsprechend ist es eher Futterstroh und als Einstreu nur begrenzt geeignet. Bevorzugtes Stroh zu diesem Zweck ist Weizenstroh, das durchaus auch etwas gefressen wird und das gleichzeitig saugfähig und nicht zu hart ist.

Enthält das Stroh eine größere Menge an Kräutern, so ist das für die Pferdeernährung in der Regel durchaus vorteilhaft, die Pferde sammeln die Kräuter sorgfältig aus dem Stroh, was sie nicht nur vielfältig ernährt, sondern auch beschäftigt. Sind die Kräuter attraktiv genug, tun Pferde dies auch, bevor sie die frische Einstreu mit Misthaufen verunreinigen. Wichtig ist allerdings, dass die Kräuter im Stroh ausreichend trocken sind, um Schimmelbildung zu vermeiden. Bei höherem Kräutergehalt muss das Stroh daher vor dem Pressen einmal gewendet werden.

Neben der Gefahr der Schimmelbildung ist Stroh bei Pferden mit Atemwegserkrankungen, als Einstreu oder Futter oft ungeeignet, da es unvermeidbar etwas staubt. Stroh nass zu machen, bietet sich hier nicht an, denn Pferde brauchen immer einen trockenen Liegeplatz.

AUF EINEN BLICK

- Heu ist die wichtigste Ernährungsgrundlage für Pferde, gesunde Pferde brauchen unter normalen Anforderungen nur Heu und Mineralfutter
- Bevor am Heu gespart wird, muss alles Kraftfutter gestrichen werden
- Heu ist immer nur der erste Schnitt, für Pferde mit gesunden Backenzähnen ist ein später erster Schnitt ideal
- Gutes Pferdeheu
  - ist faserreich
  - ist energiearm
  - hat lange Halme
  - ist frei von Giftpflanzen
  - ist schimmelfrei
  - enthält keine Erde
  - staubt kaum
  - riecht nach Wiese
- Cellulose als strukturelles Kohlenhydrat wird im Dickdarm verdaut und erhöht den Blutzucker nicht
- Stärke wird im Dünndarm verdaut und erhöht den Blutzucker
- Die Grundration Heu für ein Pferd ohne spezielle Leistungsanforderungen beträgt als Faustformel 2 kg Heu je 100 kg Lebendmasse
- Heucobs sind geeignet für alte Pferde mit schlechten Backenzähnen
- Heulage ist kein geeignetes Pferdefutter und allenfalls ein Kompromiss bei Atemwegserkrankungen

Getreide als Kraftfutter – von Hafer bis Müsli

Neben dem Raufutter in Form von Heu und Stroh spielt Getreide als Kraftfutter eine wichtige Rolle in der Pferdeernährung.

Ein paar Mahlzeiten am Tag oder zumindest eine Portion nach dem Reiten, das klingt schon wieder sehr menschlich. Kraftfutter sollte nur Pferden gegeben werden, die es wirklich brauchen. Das können solche im Leistungssport sein, Zuchtpferde oder auch sehr fleißige Pferde, die verkürzte Futterzeiten haben. Manch krankes Pferd braucht eine spezielle Zusatzversorgung. Ein gesundes Pferd der passionierten Freizeitreiterin braucht in aller Regel kein Kraftfutter. Es ist mit gutem Heu und Mineralfutter ausreichend versorgt.

Überwiegend basiert das Kraftfutter auf Getreide. Daneben werden Müslis aller Varianten immer populärer. Im Wesentlichen beruht der Nährwert von Getreiden auf deren Stärkegehalt, also auf einem leicht verdaulichen Kohlenhydrat, das den Blutzucker erhöht. Getreide stellen verdauliche Energie in hoher Dichte bereit.

Hafer

Traditionell ist Hafer das Getreide der Wahl in der Pferdefütterung. Hafer ist anders als Roggen und Gerste kein enger Verwandter des Weizens und enthält von Natur aus kein Gluten. Durch Ernte und Lagerung kann es sich ergeben, dass Glutenspuren im Hafer vorhanden sind, beispielsweise wenn der Mähdrescher zuvor für die Weizenernte verwendet wurde. Darum gilt Hafer in manchen Artikeln oder Internet-Foren auch als glutenarm. Tatsächlich basiert das nur auf solchen Verunreinigungen, Hafer ist von Natur aus glutenfrei. Neben Hafer sind beispielsweise Mais und Reis von Natur aus glutenfrei.

Inhaltsstoffe

Der Hauptbestandteil aller Getreide ist Stärke. Der Anteil beträgt bei Hafer 40 %. Stärke wird im Dünndarm von dem Enzym Amylase zerlegt, die enthaltene Glucose gelangt von dort ins Blut und erhöht den Blutzucker.

Zur Erinnerung, *Stärke ist wasserlöslich und ein leicht verdauliches Kohlenhydrat.*

Stärke ist kein einheitlich gestaltetes Molekül. Es kann in unterschiedlichen strukturellen Varianten vorliegen, die mehr oder

Hafer liefert zusätzliche Energie und Proteine, hier bei einem Distanzrennen

weniger gut verdaulich sind. Das spielt für das Pferd durchaus eine wichtige Rolle, denn das Enzym der Pferde für die Stärkeverdauung, die Amylase, ist eine eher schwache Ausführung im Vergleich zu anderen Säugetieren. Die Pferde-Amylase tut sich schwer mit manchen Stärkestrukturen, was schon illustriert, dass die Natur das Pferd nicht für eine Stärkeernährung vorgesehen hat. Passiert die Stärke unverdaut den Dünndarm, landet sie im Dickdarm und stört dort die Darmflora. Wichtig ist es also, dafür zu sorgen, dass die Verdauung der Stärke möglichst vollständig erfolgt. Wenn man einem Pferd Stärke füttert, dann am besten in besonders leicht verdaulicher Form. Dies trifft auf den Hafer im Gegensatz zu Gerste oder Mais ohne weitere Aufbereitung des Korns zu.

Andere Bestandteile im Hafer, die für die Pferdeernährung relevant sind, sind Eiweiß, Öl, Vitamine und Mineralstoffe. Der Anteil des im Dünndarm verdaulichen Eiweißes am gesamten Korn beträgt 8,5 %. Das ist deutlich weniger, als die meisten vermuten würden, und steht hinter den 40 % Stärke deutlich zurück. Der Ölanteil beträgt 5 %. Das unterstreicht nochmal, dass es sich hier vorwiegend um eine Fütterung von leicht verdaulichen Kohlenhydraten handelt. Ein weiterer Aspekt der Getreidefütterung generell ist das Verhältnis der Mineralstoffe Calcium und Phosphor zueinander. Es sollte in der Fütterung 2 : 1 betragen. Warum das so ist, wird bei den Mineralstoffen ab Seite 52 besprochen. Das Ca : P-Verhältnis in Hafer allerdings ist 1 : 3. Diese Diskrepanz muss durch geeignetes Mineralfutter ausgeglichen werden. Wer Getreide füttert, muss immer auch Mineralfutter geben.

Hafer – ganz oder gequetscht

Die Verdaulichkeit von Hafer insgesamt liegt über 90 %, und zwar egal ob gequetscht oder ganz. Gequetschter Hafer ist sinnvoll für Pferde, die schlechte Backenzähne haben, was insbesondere für alte Pferde zutrifft. Andere Pferde sollten bevorzugt ganzen Hafer erhalten. Das Risiko, dass das Futter schimmelt, ist bei ganzem Hafer deutlich geringer als bei gequetschtem. Zudem verliert gequetschter Hafer alle flüchtigen Inhaltsstoffe sehr schnell. Dies betrifft zum Beispiel das wichtige Vitamin E. Das gründliche Kauen des ganzen Korns führt zudem dazu, dass es besonders gut eingespeichelt wird und das Pferd länger beschäftigt ist.

Soweit gequetschter Hafer für ein Pferd mit schlechten Backenzähnen gefüttert werden soll, wird er idealerweise erst kurz vor der Fütterung gequetscht. Wer keine eigene Quetsche hat, der kauft am besten den frisch gequetschten Hafer in kleinen Mengen, damit er nicht so kurz wie möglich gelagert wird. Wichtig in der Aufbereitung des Hafers allgemein ist, dass er weitgehend staubfrei ist. Dies ist oft von Lieferant zu Lieferant verschieden. Bei stauballergischen Pferden kann es sich als sinnvoll erweisen, Hafer im Futtertrog anzufeuchten.

Schwarzhafer

Dieser Hafer hat ein etwas kleineres Korn und mehr Spelzen. Er gilt als reicher an Mineralstoffen, wobei Hafer als Mineralstoffquelle insgesamt nicht von nennenswerter Bedeutung ist. Der Ertrag pro Fläche ist geringer, im konventionellen Anbau findet man ihn daher kaum. Schwarzhafer hat vor allem den Vorteil, dass er oft als Bioware

Das Quetschen des Hafers ist nur für Pferde mit schlechten Zähnen sinnvoll

angeboten wird. Das liegt daran, dass die Pflanze relativ anspruchslos ist.

Haferschälkleie

Manche Müslis oder andere Mischfutter enthalten Haferschälkleie. Sie ist ein Nebenprodukt der Herstellung von Haferflocken für den Menschen. Bei diesem Prozess wird das gereinigte Haferkorn weiter zum Haferkern verarbeitet, die äußeren Schichten werden also entfernt. Dies ist die Haferschälkleie, die zu 20 bis 25% aus Spelzen besteht. Sie ist daher im Vergleich zum ganzen Hafer reich an Rohfasern und arm an Nährstoffen. Sie leistet daher nur einen kleinen Beitrag zur Ernährung, als Kraftfutter ist sie kaum geeignet.

Hafer wird unterschätzt

Einige Pferde, allerdings weit weniger als allgemein angenommen, reagieren auf Haferfütterung mit enormer Bewegungsenergie, „Gespenstersehen" und anderen Veränderungen des Temperaments. Diese Pferde sticht der Hafer. Warum das bei manchen Pferden so ist, ist nicht abschließend geklärt. Womöglich ist das ein ähnlicher Zusammenhang wie Ernährung mit Süßigkeiten und der Aufmerksamkeitsstörung ADHS bei Kindern. Hafer ist insgesamt ein unterschätztes Kraftfutter. Das Image, dass Hafer alle Pferde verrückt mache, sitzt fest in den Köpfen, auch wenn es auf die allermeisten Pferde überhaupt nicht zutrifft. Und dann steht hinter Hafer keine Futtermittelindustrie, die das Produkt bewirbt. 50 kg Hafer kosten oft deutlich weniger als ein 20-kg-Sack der meisten Müslis.

Gerste

Gerste geht auf das gleiche Urgetreide zurück wie Weizen oder Roggen. Im Vergleich zu diesen ist Gerste jedoch glutenarm, sie ist entsprechend auch nicht backfähig. Grundsätzlich ist die Tatsache, dass Gerste Gluten enthält, nicht ideal für die Pferdeernährung, auch wenn die meisten Pferde mit dem geringen Glutenanteil zurechtkommen. Doch Gerste hat weitere Nachteile gegenüber Hafer. Zunächst einmal ist die Verdaulichkeit der unbehandelten Gerste sehr gering, sie beträgt nur 22 %. Sie muss also aufbereitet werden, weshalb sie im Pferdefutter in aller Regel als Gerstenflocken eingesetzt wird. Um diese Gerstenflocken herzustellen, wird das Gerstenkorn erhitzt und gewalzt. Es liegt auf der Hand, dass so alle hitzeempfindlichen oder flüchtigen Inhaltsstoffe wie Vitamin E verloren gehen.

Ein weiterer Nachteil ist die grundsätzliche Struktur der Stärke in der Gerste, die 50% der Gerstenflocken ausmacht. Sie ist für die schwache Pferde-Amylase nicht so leicht zugänglich. Einerseits hat das den Vorteil, dass Gerste den Blutzucker nicht so stark erhöht wie Hafer, weil eben die Verdauung durch die Pferde-Amylase im Dünndarm nicht so effektiv erfolgt. Deshalb sagt auch niemand, dieses Pferd sticht die Gerste. Doch die Kehrseite der Medaille ist, dass diese teilweise unverdaute Stärke im Dickdarm ankommt. Dort stört sie die Darmflora, jene dort als Personal beschäftigten Mikroorganismen. Die Stärke führt beispielsweise zur Vermehrung der Laktobazillen, jener schon bei der Heulage erwähnten Milchsäurebakterien. Diese Bazillen tun das, was ihr Name nahelegt, sie produzieren Milchsäure. Die

Trockenes Brot gehört in die Biotonne

Gerstenstärke führt also letztlich dazu, dass der Inhalt des Dickdarms saurer wird. Das wiederum mögen manche der dort beschäftigten Mikroorganismen nicht, das heißt die Dickdarmflora und deren Verdauungsarbeit wird dadurch gestört.

Weizen, Roggen, Dinkel

Diese Getreide haben eine hohen Glutenanteil und sind daher für die Pferdefütterung gänzlich ungeeignet. Was ist so schlimm an Gluten? Gluten ist ein Gemisch aus verschiedenen Proteinen, die bei der Teigherstellung letztlich zur Ausbildung des Teiges führen, daher auch der Name Klebereiweiß. Pferde haben immer eine Glutenunverträglichkeit. Die regelmäßige Aufnahme größerer Mengen an Gluten kann zu Darmentzündungen und zu Entgleisungen der Darmflora führen. Deshalb würde auch kein Pferdemensch Weizen in den Futtertrog geben.

Gerne wird allerdings übersehen, dass Brot in erster Linie aus Weizen, Roggen oder Dinkel hergestellt wird – gerade wegen des

Glutenanteils, denn die Teigbereitung basiert darauf. Wer also munter altes Brot an ein Pferd verfüttert, verabreicht Weizen und Roggen, manchmal auch Dinkel und damit viel Gluten. Die getrocknete Scheibe Brot hier oder da ist für ein gesundes Pferd gut zu verkraften, aber **die Entsorgung von Bäckereiabfällen oder ganzen Altbrotbeständen von Familien im Pferdetrog ist definitiv kritisch zu sehen. Ein Pferd ist keine Biotonne.** Und übrigens, das trockene Brot wird beim Kauen im Pferdemaul nicht süßlich, wie bei uns Menschen. Der Grund wird im Anatomie-Kapitel ab Seite 74 erklärt. Letztlich macht man einem Pferd mit einem sinnvollen Kräuterleckerli eine größere Freude.

Weizenkleie

Weizenkleie bleibt übrig, nachdem das Weizenkorn gemahlen und das Mehl abgesiebt wurde. Sie enthält deutlich weniger Gluten, ist aber nicht glutenfrei, lediglich glutenarm. Hauptbestandteile sind verschiedene strukturelle Kohlenhydrate (Cellulose und Hemicellulosen), die im Dickdarm sinnvoll verdaut werden. Der Stärkeanteil von Weizenkleie liegt unter 20 %. So weit, so gut. Sie ist also kein Futtermittel mit einem hohen Anteil leicht verdaulicher Kohlenhydrate. Hauptproblem an Weizenkleie ist ihr extrem ungünstiges Verhältnis von Ca : P. Es liegt bei 1 : 14 bis 1 : 18. Bei der Fütterung größerer Mengen von Weizenkleie ist dieses desaströse Ca : P-Verhältnis auch durch das schönste Mineralfutter nicht mehr auszugleichen, um auf das angestrebte Verhältnis von 2 : 1 zu kommen. Hinzu kommt, dass Weizenkleie größere Mengen des Mineralstoffräubers Phytat enthält. Phytat ist das Salz der Phytinsäure. Dieses Molekül behindert die Aufnahme von Calcium, Magnesium, Eisen und Zink. Ein Mineralfutter gleichzeitig mit Weizenkleie zu verabreichen, ergibt also wenig Sinn. Das führt zur Produktion von mineralstoffreichem Pferdemist.

Weizenkleie ist in einigen Müslis und im klassischen Mash enthalten. Auch manche Futterergänzungsmittel nutzen Weizenkleie als Träger.

Mais

Geeignet für die Pferdefütterung ist das gepoppte Maiskorn, das fast so aussieht wie die Cornflakes aus dem menschlichen Frühstücksmüsli. In dieser aufgeschlossenen Form ist das Korn für ein Pferd gut verdaulich. Ganze oder geschrotete trockene Maiskörner gehören nicht auf den Speiseplan eines Pferdes, da sie im Dünndarm des Pferdes schlecht verdaulich sind und dann die Dickdarmflora durcheinanderbringen. Auch können durch die extrem harten Körner Schäden an den Pferdezähnen entstehen.

Beliebt ist auch die Fütterung ganzer Maiskolben zur entsprechenden Erntezeit. Die frischen Körner sind schon nicht sonderlich gut verdaulich. Allerdings ist der Maisbart sehr gefährlich. Diese langen Haare am Kolben stellen die Griffel der Maisblüten dar. An deren Ende befindet sich die Narbe, auf der der Pollen zur Befruchtung landet. Pollen und Narbe bilden einen idealen Nährboden für verschiedene Schimmelpilze, die teils hoch giftige Substanzen produzieren. Diese Haare müssen daher unbedingt entfernt werden. Hinzu kommen Herbizide und Pestizide auf den Blättern, die sie gänzlich ungeeignet für die Pferdefütterung machen.

Wenn einem also am Feldrand ein Maiskolben in die Hände fällt, dann muss man auf jeden Fall die Blätter und die Haare entfernen, bevor man ihn dem Pferd anbietet. Eine geeignete Form der regelmäßigen Fütterung ist dies insgesamt nicht. Und die Pferdeverdauung, insbesondere die Darmflora, mag keine Abwechslung. Gepoppter Mais hat einen enorm hohen Gehalt an Stärke, er liegt bei 65 %. Außerdem enthält er Maisöl. Der Fettgehalt kann bis zu 10 % betragen. Aufseiten der Mineralstoffe trägt Mais kaum etwas zur Fütterung bei. Zudem enthält er nennenswerte Mengen an Phytat, was die Aufnahme der Mineralien zusätzlich behindert.

Entsprechend enthält Mais auch viel verdauliche Energie. In der Fütterung von Sportpferden ist er allerdings mit Vorsicht zu handhaben. Große Mengen an leicht verdaulichen Kohlenhydraten können den Muskelstoffwechsel überfordern und bei Belastung die Entstehung eines Kreuzverschlags begünstigen. Positiv festzuhalten ist, dass Mais von Natur aus glutenfrei ist. Allerdings gilt das für Hafer auch.

Gepoppter Mais ist ein beliebter Bestandteil für Müslis, die leicht verdaulich und energiereich sein sollen. Viele Pferde finden ein Müsli mit hohem Maisanteil auch lecker, weshalb er gern bei mäkeligen Fressern eingesetzt wird.

Reis

Reis ist von Natur aus ebenfalls glutenfrei. Bei diesem Getreide liegt das erste Problem im Anbau. Viele Chargen von Reis sind mit Arsen belastet. Dies lässt sich nicht vermeiden und liegt am Boden, auf dem die Pflanze angebaut wird und dem Wasser, mit dem die Felder überflutet werden. Reis aus Asien enthält in der Regel mehr Arsen als Reis aus Europa, wo er insbesondere in Italiens Po-Ebene kultiviert wird. Das sind keine Mengen, die ein Pferd gleich umbringen würden, aber ein sinnvoller Bestandteil der Fütterung ist Arsen nicht.

Reis ist in Pferdemüslis vor allem als Reiskleie, auch Reisschalenkleie genannt, enthalten. Reiskleie ist ein Nebenprodukt der Lebensmittelherstellung, sie fällt beim Polieren des Reiskorns an. Dabei entstehen Temperaturen bis 130 Grad Celsius. Ähnlich wie bei der Herstellung von Gerstenflocken oder von gepopptem Mais gehen also alle hitzeempfindlichen und flüchtigen Bestandteile in diesem Prozess verloren.

Zunächst einmal ist es zutiefst irreführend, wenn Reiskleie in getreidefrei deklarierten Produkten enthalten ist, denn auch Reis ist ein Getreide. Reiskleie enthält zudem bis zu 40 % Stärke, was mit Hafer direkt vergleichbar ist. Ein weiterer wesentlicher Bestandteil von Reiskleie ist das Reisöl, das bis zu 20 % der Masse ausmacht. Es kommt auf Seite 50 nochmal genauer zur Sprache. Reiskleie ist „stabilisiert", wie es in den Produktbeschreibungen heißt. Hinter diesem freundlichen Wörtchen verbirgt sich der Zusatz von Konservierungsstoffen. Reiskleie enthält größere Mengen des Mineralstoffräubers Phytat. Außerdem ist das Ca : P-Verhältnis extrem schlecht, es beträgt 1 : 40.

Für die Fütterung von Reiskleie lässt sich insgesamt kein gutes Argument finden. Anderen Getreiden ist der Vorzug zu geben.

Müsli sieht lecker aus, ob es auch richtig ist für das einzelne Pferd, hängt von den Zutaten ab

Müsli & Co.

Müsli kommt eigentlich als Begriff aus der menschlichen Ernährung. Dort beschreibt es ein meist zum Frühstück serviertes Produkt, das ursprünglich aus Haferflocken, Obst und Milchprodukten besteht. Das Wort transportiert, dass es sich um ein besonders gesundes Nahrungsmittel handelt. Das verblüfft insofern, als natürlich auch Müsli für Menschen ganz wesentlich aus leicht verdaulichen Kohlenhydraten besteht und gewiss kein Schlankmacher ist. Pferdemüslis sollen genau das sein: gesundes Futter. Die Bandbreite der Produkte ist extrem groß. Sie reicht von proteinreichen Futtermitteln, hafer- oder getreidefreien Mischungen bis zu besonders nährstoffarmen Müslis. Einzelne Produkte haben bei speziellen Anwendungen ihre Berechtigung. Nährstoffarme Müslis sind prima für übergewichtige Pferde mit EMS, die bei der stallweiten Kraftfuttergabe aus sozialen Gründen auch ein Krippenfutter erhalten sollen, obwohl sie keines brauchen. Proteinreiche Müslis sind bei extremen Anforderungen an Muskelarbeit oder auch bei manchen Muskelerkrankungen wie PSSM2 sinnvoll. Getreidefrei soll es vor allem für magenkranke Pferde sein. Alle diese

Punkte werden im Praxisteil ab Seite 94 noch im Detail besprochen.

Oft aber ist der traditionelle Hafer mindestens ebenso gut geeignet, in vielen Fällen sogar das bessere Futtermittel. Dies gilt für den Leistungsbedarf bei Muskelarbeit ebenso wie für Zuchtpferde. Dazu mehr in den entsprechenden Kapiteln. Es ist unmöglich, an dieser Stelle auf alle Müslis einzugehen. Dieses Buch soll die grundlegenden Kenntnisse liefern, um die Zusammensetzung des Müslis selbst beurteilen zu können. Natürlich kann man die Analyse und Auswahl des Müslis auch einer Ernährungsberaterin übertragen. Dabei können sich durchaus widersprüchliche Zusammensetzungen zeigen. Reichlich Mais oder Reiskleie im Müsli lässt angesichts des Mineralstoffräubers Phytat beispielsweise eine zusätzliche Mineralisierung des Müslis nicht sehr effektiv erscheinen. Die hinzugesetzten Mineralien landen in den Pferdeäppeln. Auch Sojaschrot, auf das im nächsten Kapitel näher eingegangen werden soll, enthält Phytat.

Nur der Blick auf die Liste der Bestandteile ermöglicht es einzuschätzen, ob das jeweilige Müsli zum individuellen Pferd passt.

Und dann gibt es noch Pellets und Cobs in verschiedenen Variationen. Billige Pellets enthalten oft minderwertiges Grünmehl. In jedem Fall aber wird das Futter bei großer Hitze getrocknet und gepresst. Flüchtige oder hitzeempfindliche Bestandteile gehen also verloren. Auch der geringe Fasergehalt regt die Kautätigkeit der Pferde nicht ausreichend an. Als ungenügend eingespeichelte und halb zerkaute Masse können sie Schlundverstopfungen verursachen. Dieser Kloß in der Speiseröhre ist immer ein tiermedizinischer Notfall. Daher müssen alle Pellets und Cobs eingeweicht werden, auch wenn der Hersteller andere Angaben macht.

Verdauungskapazität des Pferdes für Stärke

Die Fütterung mit Getreiden ist in erster Linie eine Zufuhr von leicht verdaulichen Kohlenhydraten in Form von Stärke. Das Enzym zum Abbau der Stärke heißt Amylase. Es ist im Dünndarm aktiv. Wie schon erwähnt, hat die Amylase des Pferdes eine mäßige Aktivität. Zu viel Stärke darf also nicht auf einmal ankommen, sonst wird sie nicht vollständig im Dünndarm verdaut. Frau Pferde-Amylase ist schnell überfordert. Im Dünndarm unverdaute Stärke landet im Dickdarm und führt dort durch die Vermehrung von Milchsäurebakterien zur Ansäuerung und damit wieder zur Störung der Dickdarmflora. Deshalb kennt man eine maximale Stärkemenge, die ein Pferd pro Tag bekommen darf. Diese maximale Tagesmenge muss auf mindestens zwei, besser bis zu sechs Mahlzeiten verteilt werden. Die Pferdeverdauung ist generell nicht auf Einzelmahlzeiten, sondern auf eine möglichst kontinuierliche Zufuhr angelegt.

Die maximale Stärkemenge pro Tag ist 500 g pro 100 Kilogramm Lebendmasse (500 g pro 100 kg LM)

Beispielrechnung für die maximale Stärkekapazität

Was heißt das also beispielsweise für ein Pferd mit 600 kg LM und die maximale Hafermenge pro Tag? Hafer enthält 40 % Stärke, also 400 g Stärke pro Kilogramm

Hafer. Unser typischer Warmblüter darf pro Tag 500 g × 6 = 3000 g Stärke bekommen. Teilt man 3000 durch 400 ergibt das 7,5 kg Hafer. Das ist eine Tagesmenge, die höchstens im Leistungssport erreicht wird, ein normales Freizeitpferd dürfte hiervon weit entfernt sein.

Die Berechnung für Mais sähe wie folgt aus: Gepoppter Mais enthält 650 g Stärke je Kilogramm. Auch hier würde man für das Pferd mit 600 kg Körpergewicht wieder 3000 g Stärke zugrunde legen, die man in diesem Fall durch 650 teilt. Mit 4,6 kg gepopptem Mais täglich erreicht man also die Kapazitätsgrenze der Stärkeverdauung beim Pferd.

Bei der Gestaltung der Einzelmahlzeiten ist außerdem die Volumengrenze des Magens zu beachten, die 0,5 L pro 100 kg Lebendmasse beträgt. Warum das so ist, dazu mehr auf Seite 78.

AUF EINEN BLICK

- » Getreidefütterung ist in erster Linie eine Ernährung mit dem leicht verdaulichen Kohlenhydrat Stärke und erhöht den Blutzucker bei jeder Mahlzeit.
- » Hafer
  - › ist von Natur aus glutenfrei
  - › enthält 40 % gut verdauliche Stärke
  - › hat ganz und gequetscht eine hohe Verdaulichkeit von >90 %
  - › sollte nur für alte Pferde mit schlechten Backenzähnen gequetscht werden
- » Gerste
  - › ist glutenarm
  - › ist nur in Form von Gerstenflocken für das Pferd gut verdaulich
  - › enthält 50 % Stärke
- » Weizenkleie
  - › ist glutenarm
  - › enthält überwiegend strukturelle Kohlenhydrate
  - › enthält 20 % Stärke
  - › enthält den Mineralstoffräuber Phytat
  - › hat ein desaströses Ca : P-Verhältnis von 1 : 14 bis 1 : 18
- » Mais
  - › ist glutenfrei
  - › enthält 65 % Stärke
  - › ist nur gepoppt für das Pferd gut verdaulich
  - › enthält den Mineralstoffräuber Phytat
- » Reiskleie
  - › kann mit Arsen belastet sein
  - › enthält 40 % Stärke
  - › enthält Konservierungsmittel („stabilisiert")
  - › enthält den Mineralstoffräuber Phytat
- » Futtermittel, die Phytat enthalten, sollten nicht gleichzeitig mit Mineralfutter gegeben werden, da Phytat Calcium, Magnesium, Eisen und Zink bindet. Dies betrifft:
  - › Weizenkleie
  - › Mais
  - › Reiskleie
  - › Sojaschrot
- » Limitierte Verdauungskapazität für Stärke bei Pferden
  - › ist 500 g pro 100 kg LM pro Tag
  - › die Tagesmenge ist auf mindestens 2, besser bis zu 6 Mahlzeiten zu verteilen
- » Die Volumengrenze des Magens ist pro Mahlzeit 0,5 L pro 100 kg Lebendmasse
- » Müslis müssen anhand ihrer Bestandteile beurteilt und auf die Eignung für das individuelle Pferd geprüft werden.

Luzerne, Esparsette und Soja

Manchmal soll der Eiweißgehalt in der Ernährung erhöht sein, beispielsweise bei Muskelarbeit, Wachstum oder PSSM2. Dann sind diese Leguminosen interessant.

Luzerne

Luzerneheu ist gutes Pferdefutter, so steht es in vielen alten Büchern. Und da ist eine Menge dran, allerdings nicht als Ersatz für normales Heu. Luzerne, ob nun als Luzerneheu oder als Cobs aus Luzernegrünmehl, ist eher eine Zusatzmahlzeit im Sinne einer Kraftfutterration, wenn das normale Heu als Ernährungsgrundlage nicht genügt. Luzerne gehört zur Pflanzenfamilie der Leguminosen und hat Wurzelknöllchen mit Bakterien, die den Luftstickstoff in Nitrat umwandeln können. Daher braucht Luzerne keinen Nitratdünger, um optimal zu wachsen. Die Pflanze ist auch sonst anspruchslos. Sie wurzelt sehr tief und kommt daher auch mit längeren Trockenperioden zurecht. Sie wird in Deutschland angebaut. Ihre Vorzüge für das Pferd liegen vor allem im hohen Eiweißgehalt. Da sie Luftstickstoff zur Verfügung hat, kann Luzerne ohne Begrenzung so viel Proteine bilden, wie sie benötigt. **Der Gehalt von Luzerne an verdaulichem Rohprotein liegt zwischen 98 und 101 g je kg.** Der Bedarf an Proteinen ist erhöht bei Muskelarbeit, beim Wachstum, wenn eine Stute ein Fohlen säugt oder auch bei vielen Varianten von PSSM2. Es kann aber auch zu viel Protein zugeführt werden, beispielsweise bei manchen Hautkrankheiten. Ein Übermaß an Eiweiß belastet zudem die Niere. Dieser Punkt betrifft vor allem alte Pferde. Der Stärkegehalt von Luzerne ist gering und spielt für die Ernährung praktisch keine Rolle. Hoch ist ihr Ca : P-Verhältnis mit 7 : 1. Luzerne ist daher ein wertvoller Calcium-Lieferant. Das ist sehr gut, wenn ein anderweitig schlechtes Ca : P-Verhältnis ausgeglichen werden soll. Für eine bestimmte Variante der PSSM2-Erkrankung ist dies aber ein Problem. Mehr zu dieser immer besser verstandenen Muskelerkrankung ab Seite 166.

Ansonsten gilt wie so oft, die Menge macht das Gift. Luzerne enthält Stoffe, die in größeren Mengen giftig sind. Zu nennen wären hier vor allem Cumarine und Saponine, die dann ein ganzes Spektrum an Problemen

Luzerne muss als Pferdefutter vor der Blüte geerntet werden

Esparsette (links) und Soja (oben) sind ebenfalls eiweißreich

auslösen können. Deshalb ist Luzerne nur ein Zusatzfutter, kein Grundfutter als Ersatz für normales Heu. Zudem ist in den Samen das giftige Canavanin enthalten, weshalb Luzerne immer vor der Samenbildung geschnitten werden muss.

Die Fasern der Luzerne sind sehr fest. Sie erfordern daher gute Zähne zum Zerkauen. Andernfalls können die ungenügend zerkleinerten Fasern die Magenschleimhaut schädigen. Diese Gefahr gilt für alte Pferde mit schlechten Backenzähnen, aber auch für Jungpferde mit Milchzähnen. Deshalb ist Luzerneheu trotz des hohen Proteingehalts kein geeignetes Futter für Absetzer, Jährlinge und Pferde bis zu einem Alter von 4 Jahren. In solchen Fällen muss sie in Form eingeweichter Cobs gefüttert werden, die Luzernegrünmehl enthalten. Achtung, es gib auch Luzerneheucobs. Darin sind die Fasern zwar recht kurz aber immer noch zu hart für die Magenschleimhaut. Hier sollte die Produktbeschreibung geprüft werden.

Außerdem hat Luzerneheu die Eigenschaft leicht zu stauben. Es ist daher in vielen Fällen melassiert. Melasse entsteht bei der Zuckerproduktion als Nebenprodukt und enthält immer noch 60 % Zucker. Durch das Melassieren steigt also der Gehalt an leicht verdaulichen Kohlenhydraten deutlich an, der Vorteil des geringen Stärkegehalts von Luzerne wird dadurch ausgehebelt. Auch hier hilft nur, die jeweilige Produktspezifikation zu lesen.

Esparsette

Unter Esparsette versteht man eine ganzen Pflanzengattung, also verschieden Arten. Sie wird hierzulande angebaut und ist oft als Bioware erhältlich. Esparsette ist eine nahe Verwandte der Luzerne und gehört ebenfalls zu den Leguminosen. Die Vor- und Nachteile der Luzerne treffen auch auf Esparsette zu. Zusätzlich erwähnenswert an Esparsette ist der Gehalt an Tanninen, die sich zum Binden

BIOCHEMIE EXTRA

FÜR JENE, DIE ES GENAUER WISSEN WOLLEN

Proteine und Aminoäuren

Eiweiße bestehen aus 21 verschiedenen Aminosäuren. Neben den Elementen Kohlenstoff, Wasserstoff und Sauerstoff, die auch in Kohlenhydraten und Fetten enthalten sind, enthalten Aminosäuren das Element Stickstoff.

Zwei der Aminosäuren, Methionin und Cystein, enthalten zusätzlich Schwefel. Damit wird in einigen Eiweißen eine Brücke zwischen den Aminosäureketten gebildet, die komplexe Strukturen gewährleistet. Antikörper beispielsweise besitzen solche Disulfidbrücken. Auch Proteine, die am Aufbau von Hufhorn beteiligt sind, enthalten diese.

Und dann gibt es noch Selenocystein, die einzige Aminosäure, die Selen enthält. Diese Aminosäure ist besonders reaktiv, weshalb sie eine wichtige Rolle bei vielen Enzymen spielt. Weitere Mineralstoffe spielen eine Rolle bei einigen Proteinen, bei denen sie quasi im Mittelpunkt stehen. Das bekannteste Beispiel ist das Hämoglobin, das ein zentrales Eisenatom enthält, um das sich vier Aminosäureketten gruppieren.

Der Säugetierkörper kann viele Aminosäuren ineinander umwandeln und sich so diejenigen basteln, die er benötigt. Einige aber müssen mit der Nahrung aufgenommen werden. Dies sind die essentiellen Aminosäuren. Für das Pferd sind neun Aminosäuren essentiell. Von diesen neun sind nur zwei eventuell knapp im Verhältnis zum Bedarf des Pferdes: Lysin und Methionin. Alle anderen kommen in den Proteinen des Futters in ausreichender Menge vor, solange die Proteinversorgung insgesamt stimmt. Wie man die geeignete Proteinmenge im Futter berechnet und wann der Bedarf erhöht ist, dazu mehr im Praxisteil ab Seite 94.

Lysin ist die Aminosäure, die am ehesten fehlt. Deshalb wird der Lysingehalt von Futtermitteln oft mit erwähnt. Methionin ist seltener limitiert. Wenn der Lysingehalt des Futters hoch ist, sind hochwertige Proteine enthalten. Dann ist auch gleichzeitig die Methionin-Versorgung abgedeckt. Alle hier genannten Leguminosen ebenso wie Hafer oder gutes Heu enthalten hochwertiges Eiweiß und sind gute Lysin- und Methionin-Lieferanten.

von Kotwasser als nützlich erweisen können. Erstrebenswert bei Kotwasser ist neben dieser eher symptomatischen Herangehensweise allerdings die Behandlung der Ursachen, beispielsweise Magenschleimhautentzündung (Seite 152), Störungen der Darmflora (Seite 156) oder auch starker Parasitenbefall (Seite 84). Man sagt der Esparsette vorbeugende Wirkung gegen Parasiten nach, wobei schlüssige Studien hierzu fehlen. Eine Wurmkur, wie sie bei starkem Befall zwingend notwendig ist, ersetzt sie keinesfalls.

Soja

Auch bei Soja handelt es sich um einen Vertreter aus der Pflanzenfamilie der Leguminosen. Entsprechend enthält Soja viel Protein. Wesentliche Mengen von Soja werden aus Südamerika importiert, der europäische Anbau ist von untergeordneter Bedeutung. Die Kultivierung von Soja erfordert erheblichen Einsatz von Pestiziden. Aus ökologischer Sicht mit Blick auf den Chemieeinsatz und die weite Transportstrecke ist Soja nicht ideal.

Sojaschrot dient als
Eiweißlieferant in
manchen Müslis

Zur Erinnerung, *Soja enthält den Mineralstoffräuber Phytat, behindert also im Futter die Aufnahme von Mineralstoffen aus dem Darm.*

Im Tierfutter wird Sojaextraktionsschrot verwendet. Dieses Nebenprodukt entsteht, nachdem das Öl aus der Sojabohne entzogen wurde. Hierzu werden Lösungsmittel verwendet. Dann wird der Sojaextraktionsschrot erhitzt, um schädliche Inhaltsstoffe zu zerstören, die die Eiweißverdauung und das Wachstum der Tiere behindern. Bei Sojaextraktionsschrot handelt sich also um das Resultat einer intensiven Prozessierung. Einigermaßen naturbelassenes Futter ist das nicht. Sojaextraktionsschrot ist in vielen Müslis enthalten, um den Proteingehalt zu erhöhen.

Der Eiweißgehalt von Sojaextraktionsschrot beträgt 440 bis 480 g verdauliches Rohprotein pro kg. Die geeignete Fütterungsmenge von Sojaextraktionsschrot beträgt für das Pferd 10 bis 20 g pro 100 kg Lebendmasse, soweit dies in die Gesamtration passt.

Rechenbeispiele:

Ein Pony mit 250 kg Körpergewicht erhält 25 bis 50 g Sojaextraktionsschrot.

Ein Vollblüter mit 500 kg Körpergewicht erhält 50 bis 100 g Sojaextraktionsschrot.

Ein Kaltblüter mit 800 kg Körpergewicht erhält 80 bis 160 g Sojaextraktionsschrot.

AUF EINEN BLICK

- Luzerne, Esparsette und Soja eignen sich als Zusatzfutter, nicht als Ersatz für Heu
- Luzerne, Esparsette und Soja gehören zur Pflanzenfamilie der Leguminosen und haben einen hohen Anteil an verdaulichem Rohprotein
- Luzerne hat einen geringen Stärkegehalt
- Luzerne hat ein weites Ca : P-Verhältnis von 7 : 1
- Luzerne kann als Luzerneheu, Luzerneheucobs und als Cobs aus Luzernegrünmehl gefüttert werden
- Luzerne hat sehr harte Fasern, alte und junge Pferde unter 4 Jahren können diese nicht ausreichend kauen und sollten daher Luzernegrünmehl erhalten
- Luzerneheu ist oft melassiert, was den Anteil an leicht verdaulichen Kohlenhydraten deutlich erhöht
- Esparsette ist mit Luzerne eng verwandt und ähnlich zu bewerten. Tannine der Esparsette können Kotwasser reduzieren
- Esparsette kann vorbeugend gegen Parasiten wirken, als Wurmkur eignet sie sich nicht
- Soja ist aus ökologischer Sicht gegenüber Luzerne und Esparsette deutlich im Nachteil
- Soja enthält den Mineralstoffräuber Phytat
- Sojaextraktionsschrot ist ein stark prozessiertes Produkt aus der Sojabohne
- Sojaextraktionsschrot ist zur Erhöhung des Proteingehalts in vielen Müslis enthalten
- Von den neun essentiellen Aminosäuren sind nur Lysin und Methionin eventuell im Futter knapp
- Hochwertiges Rohprotein enthält von Natur aus viel Lysin und Methionin

Saftfutter – Rüben und Obst

Manches Saftfutter kann sinnvoll sein im Sinne von regelmäßig gegebenem Zusatzfutter oder als kleine Belohnung.

Pferde brauchen auch mal etwas Saftiges, vor allem im Winter, wenn sie kein Weidegras haben? Nein, brauchen sie nicht. Sie brauchen lediglich Zugang zu ausreichend Wasser und Heu sowie eine gute Versorgung mit Vitaminen und Mineralstoffen. Die Pferdeverdauung mag keine Abwechslung und muss sich an größere Mengen feuchten Futters immer erst gewöhnen. Rübenschnitzel haben traditionell eine Stellung in der Pferdefütterung. Möhren und Obst sind als Belohnung populär, enthalten jedoch viel Zucker.

Rübenschnitzel

Auch die Rübenschnitzel sind ein Nebenprodukt der Zuckerherstellung. Sie bleiben übrig von der Zuckerrübe, nachdem der Zucker entzogen wurde. Sie enthalten in erster Linie strukturelle Kohlenhydrate in Form von Cellulose, Hemicellulosen und Pektin. Diese werden im Blinddarm von den Mikroorganismen abgebaut. Wie schon beim Heu erwähnt, wird auf diesem Verdauungsweg der Blutzucker nicht direkt erhöht. Deshalb ist dies zunächst einmal eine gesunde Variante der Fütterung, allerdings verfehlen Rübenschnitzel den eigentlichen Zweck eines Kraftfutters, das mit wenig Menge viel Energie liefern soll. Das können sie nicht leisten. Genügend Heu ist für die Fütterung mit strukturellen Kohlenhydraten die bessere Variante. Denn die Pferdeverdauung bevorzugt eine kontinuierliche Zufuhr von Futter, keine Mahlzeiten.

Viele Rübenschnitzel sind melassiert. Das schmälert die Vorteile der enthaltenen strukturellen Kohlenhydrate, denn Melasse enthält Zucker und erhöht damit den Blutzucker. Melassierte Rübenschnitzel liefern also wieder leicht verdauliche Kohlenhydrate. Dazu kann man dann etwas Hafer füttern, das ist deutlich weniger Aufwand.

Rübenschnitzel müssen unbedingt ausreichend eingeweicht werden, sonst lauert auch hier die Schlundverstopfung. Das vergrößert das Volumen erheblich und die Mahlzeit kann die Volumengrenze des Magens überschreiten. Sie beträgt 0,5 L je 100 kg Lebendmasse, also 3 L für ein Großpferd mit 600 kg. Siehe dazu auch Anatomie des Magens ab Seite 78. Wenn ein Pferd die Rübenschnitzelmasse nicht auffrisst, kann es einfach sein, dass sein Magen zu voll ist.

Kullernde Möhrenstückchen wie unten kann man durch schräges Schneiden vermeiden

Möhren

Karotten enthalten reichlich Zucker (Stärke, Saccharose, Glucose), nämlich 2 bis 5 g je 100 g. Sie sind daher für Pferde mit EMS oder PSSM1 oder Magenschleimhautentzündung strikt verboten. Warum das so ist, soll bei den jeweiligen Krankheiten im Praxisteil besprochen werden. Alle anderen Pferde können sicher täglich ein paar Möhren als Belohnung erhalten. Man kann auch zu puristisch sein und damit sich und dem Pferd den Spaß verderben. Die Möhren allerdings pfundweise zu verfüttern, ist eine Ernährung mit leicht verdaulichen Kohlenhydraten, die den Blutzucker in die Höhe treibt. Diese Herangehensweise ist vergleichbar einer menschlichen Ernährung mit Süßigkeiten.

Es kann also sinnvoll sein, aus den Möhren kleine Stückchen zu machen, wenn man sie als Belohnung einsetzen will. Auch als Fressbremse bei Pferden, die Kraftfutter zu schnell verschlingen, können Möhrenstückchen dienen. Richtig geschnitten animieren sie zum Kauen. Ansonsten ist ein Pferd mit seinem Gebiss mühelos in der Lage, Möhren selbst zu zerkleinern. Beim Schneiden der Möhren sollte man allerdings niemals kullernde Scheibchen fabrizieren. Werden diese versehentlich verschluckt, ist die Schlundverstopfung besonders gefährlich. Dieses Problem lässt sich vermeiden, wenn man die Möhren schräg schneidet.

Möhren wird nachgesagt, die Verdauung zu regulieren und Kotwasser zu reduzieren. Bekannt ist die Morosche Karottensuppe, deren Wirkung bei Durchfallerkrankungen beim Menschen belegt ist. Der Effekt beruht auf langem Kochen, rohe Möhren haben diese Wirkung nicht. Der Einsatz von Moroscher Karottensuppe beim Pferd sollte nur nach Rücksprache mit Tierärztin oder Tierheilpraktiker erfolgen. Manchmal werden – rohe – Möhren auch als Wurmmittel betrachtet. Das ist Unsinn.

Äpfel, Bananen

Äpfel haben einen Zuckergehalt von 10 g je 100 g, Bananen sogar von 12 g je 100 g. Das ist eine ganze Menge. Davon ist etwa zwei Drittel Fruchtzucker, der aus Fructose besteht, nicht aus Glucose. Die Fructose wird aus dem Dünndarm ins Blut aufgenommen und landet von dort direkt in der Leber, wo sie zu Fett umgebaut wird. Glucose dagegen dient der Energiegewinnung der Zellen, beispielsweise der Muskel- oder Nervenzellen. Verboten ist Obst wegen des Zuckergehalts wiederum für die Pferde mit EMS, PSSM1 und Magenschleimhautentzündung. Ansonsten ist gegen den Apfel oder die Banane hier oder da nichts einzuwenden, solange es sich nicht um verfaultes Obst handelt. Wie gesagt, ein Pferd ist keine Biotonne.

Bei sehr kleinen Äpfeln lauert wieder die Gefahr der Schlundverstopfung. Damit sie nicht so leicht versehentlich verschluckt werden, sollten sie halbiert werden. Damit bieten sie eine geeignete Angriffsfläche zum Kauen und rutschen nicht so leicht unzerkaut in den Hals.

Apfeltrester kommt in verschiedenen Fertigprodukten vor. Darunter versteht man die Rückstände nach dem Pressen von Apfelsaft. Der Restzuckergehalt schwankt stark. Hauptsächlich enthält der Trester Rohfasern und Pektin, ist also grundsätzlich im Pferdefutter in geringen Mengen in Ordnung.

BIOCHEMIE EXTRA

FÜR JENE, DIE ES GENAUER WISSEN WOLLEN

Hemicellulosen
Hemicellulosen bestehen aus verschiedenen Zuckermolekülen, nicht wie Cellulose aus Glucose. Man dachte früher, sie seien eine Vorstufe der Cellulose, das stimmt allerdings nicht. Sie befinden sich wie Cellulose in den Zellwänden.

Pektin
Pektin ist ebenfalls ein strukturelles Kohlenhydrat und in der Zellwand enthalten. Man kennt es aus der Herstellung von Marmelade und insgesamt als Geliermittel. Pflanzen nutzen Pektin, um Wasser in die Zellwände einzulagern. Baustein ist der Zucker Galacturonsäure.

Fruchtzucker
Fruchtzucker besteht aus dem Zucker Fructose, der im Obst einzeln vorliegt. Er ist also nicht zu einer Kette verbunden.

Saccharose
Möhren und Obst enthalten außerdem den Zucker Saccharose. Dieses Molekül ist ein Pärchen aus Fructose und Glucose.

Kommerzielle Leckerlis

Hier reicht das Spektrum von sinnvollen bis zu schädlichen Produkten, von Wiesenkräutern bis zu kleinen glutenhaltigen Stärkebomben. Wie schon bei den Müslis gilt: Ein Blick auf die Zusammensetzung und die Kenntnisse aus diesem Buch helfen, die geeigneten Produkte zu finden. Welche Getreide sind enthalten? Ist das Leckerli glutenfrei? Welche anderen Bestandteile sind drin? Wie hoch ist der Zuckergehalt?

Verfaulte Äpfel sind kein Pferdefutter

AUF EINEN BLICK

- Rübenschnitzel enthalten in erster Linie strukturelle Kohlenhydrate, was eigentlich gut ist in der Pferdefütterung
- Rübenschnitzel als Mahlzeit sind eine wenig geeignete Form der Fütterung von strukturellen Kohlenhydraten, Heu als kontinuierliche Fütterung ist deutlich zu bevorzugen
- Rübenschnitzel müssen unbedingt ausreichend gequollen sein, um Schlundverstopfungen zu vermeiden
- Gequollene Rübenschnitzel überschreiten schnell die Volumengrenze des Pferdemagens von 0,5 L pro 100 kg Lebendmasse
- Möhren enthalten viel Zucker, sollten daher nur als Belohnung dienen, nicht als Futter
- Schneidet man Möhren klein, dürfen die Scheiben nicht kullern, sie bergen sonst die Gefahr der Schlundverstopfung
- Rohe Möhren haben keine regulierende Wirkung auf die Pferdeverdauung, sie sind auch kein Wurmmittel
- Obst wie Äpfel und Bananen enthält ebenfalls viel Zucker, vor allem in Form von Fruchtzucker, der direkt zu Fett umgebaut wird
- Obst ist daher ebenfalls nur als kleine Belohnung geeignet, nicht als Futter
- Kleine Äpfel müssen halbiert werden, um auch dort das Kullern zu verhindern
- Verfaultes Obst oder Gemüse ist kein Pferdefutter
- Kommerzielle Pferdeleckerlis haben sehr unterschiedliche Zusammensetzungen von sinnvoll bis schädlich

Apfelbäume müssen zum Leidwesen der Pferde ausgezäunt werden, wenn die Früchte reif sind

Öle

Fette in Form von Ölen sind eine wertvolle Ergänzung der Pferdefütterung. Dabei haben die verschiedenen Öle unterschiedliche Vorteile.

Das bekannteste Öl unter Pferdefreunden ist Leinöl. Es wird besonders gerne im Fellwechsel eingesetzt. Daneben sollen hier Schwarzkümmelöl, Reisöl und Rapsöl besprochen werden. Generell sollte man zunächst unterscheiden, worin der Zweck der Zugabe von Öl liegen soll. Es gibt vier wesentliche Punkte, die man damit erreichen kann:

- Gabe essentieller Fettsäuren
- Zufuhr von Vitamin E
- Versorgung mit Mineralstoffen
- Ernährung mit verdaulicher Energie

Die ersten drei Punkte kann man mit kleinen Mengen von täglich bis zu 60 ml Öl abdecken. Zur Ernährung dagegen sind die Tagesmengen deutlich höher, ein Großpferd kann bis zu 500 ml Öl bekommen.

Im Raufutter ist durchaus Fett enthalten und zwar in den Grassamen. Ein später 1. Schnitt ergibt also Heu, das essentielle Fettsäuren bereitstellt. Auch verschiedene Getreide wie Hafer oder Mais enthalten Öle mit essentiellen Fettsäuren. Was Fett insgesamt betrifft, so ernähren Pferde sich recht gesund. Gesättigte Fette wie Butter gehören nicht auf den Futterplan.

Die wichtigsten essentiellen Fettsäuren sind Linolsäure und Linolensäure. Linolsäure ist eine Omega-6-Fettsäure. Linolensäure ist eine Omega-3-Fettsäure und besonders wertvoll für die Ernährung. Diese und andere ungesättigte Fettsäuren machen die Zellmembran elastischer. Das ergibt nicht nur schönes Fell und geschmeidige Haut. Die Gewebe ebenso wie Immunzellen oder rote Blutkörperchen profitieren insgesamt von der richtigen Menge an ungesättigten Fettsäuren. Ein Zu viel gibt es auch. Aus essentiellen Fettsäuren bildet der Pferdekörper unter anderem entzündungsfördernde Stoffe. Übergroße Fettmengen im Futter belasten zudem den Leberstoffwechsel.

Die richtige Menge ist individuell sehr verschieden. Am besten beobachtet man das Pferd. Frisst es gezielt Grassamen aus dem Heu oder rupft es auf der Weide bevorzugt die Spitzen der reifen Gräser ab, dann braucht es mehr Öl als eines, das lieber das Grün der Gräser frisst und fröhlich die Heuhalme kaut. Pferde sind auch durchaus unterschiedlich stark an der Ölfütterung interessiert. Manche stürzen sich auf die Futterschüssel mit Öl, lecken es gar pur oder saugen es förmlich

Leinöl lässt sich auch gut per Maulspritze geben

aus der Maulspritze. Andere wenden sich mit eindeutig ablehnendem Gesichtsausdruck ab. Da lohnt es sich, auf das Pferd zu hören. Zu beachten bei der Ölfütterung ist außerdem die Wechselbeziehung zu Zink. Um ungesättigte Fettsäuren sinnvoll zu verarbeiten, benötigt der Körper dieses Spurenelement, das im nächsten Kapitel auf Seite 52 näher besprochen werden soll.

Welches Öl am besten geeignet ist, hängt vom Ziel der Gabe ab. Die Öle haben unterschiedliche Stärken.

Leinöl

Leinöl ist besonders reich an der Omega-3-Fettsäure Linolensäure. Der Gehalt schwankt zwischen 45 und 71%. Leinöl ist damit absoluter Spitzenreiter. Liegt der Schwerpunkt auf der Gabe von essentiellen Fettsäuren, dann ist Leinöl eine hervorragende Wahl. Damit kann man beispielsweise den erhöhten Bedarf im Fellwechsel abdecken. Auch wenn die Haut Probleme macht, ist Leinöl eine gute Sache. Gleichzeitig enthält es mit 53 mg je 100 g relativ wenig Vitamin E und wird deswegen schnell ranzig. Geeignete Tagesmengen liegen zwischen 10 und 60 ml je nach Größe und Bedarf des Pferdes oder Ponys.

BIOCHEMIE EXTRA

FÜR JENE, DIE ES GENAUER WISSEN WOLLEN

Ungesättigte Fette
Fettsäuren sind teils sehr lange Ketten aus Kohlenstoffatomen. Sie können gesättigt, einfach oder mehrfach ungesättigt sein. Ungesättigte Fettsäuren haben zwischen manchen Kohlenstoffatomen eine Doppelbindung. An dieser Stelle entsteht ein Knick in der ansonsten geraden Kette der Fettsäure. Dadurch liegen ungesättigte Fettsäuren nicht so regelmäßig und kompakt zusammen. Daher sind Fette mit diesen ungesättigten Fettsäuren bei Raumtemperatur flüssig. Das trifft auf alle gängigen Pflanzenöle zu.

Essentielle Fettsäuren
Essentielle Fettsäuren sind jene, die der Körper aufnehmen muss, um gesund zu bleiben. Diese Fettsäuren enthalten mindestens eine Doppelbindung an einer bestimmten Stelle. Für die genaue Beschreibung der Lage dieser Doppelbindung werden vom sogenannten Omega-Ende der Fettsäuren die Kohlenstoffatome durchnummeriert. Das Omega-Ende ist das nicht-saure Ende. Essentielle Fettsäuren haben zwingend am 9. Kohlenstoffatom eine Doppelbindung. Das sind dann Omega-9-Fettsäuren. Essentielle Omega-3-Fettsäuren und Omega-6-Fettsäuren haben am 3. beziehungsweise am 6. Kohlenstoff eine zusätzliche Doppelbindung.

Schwarzkümmelöl

Die wichtigste ungesättigte Fettsäure in Schwarzkümmelöl ist mit rund 55% Gehalt die Linolsäure, eine Omega-6-Fettsäure. Attraktiv an Schwarzkümmelöl ist sein hoher Gehalt an Vitamin E mit 1400 mg je 100 g. Es enthält außerdem zahlreiche Mineralstoffe wie Calcium, Magnesium, Kalium, Natrium sowie Zink, Chrom, Mangan und Selen. Hinzu kommen verschiedene B-Vitamine. Schön ist diese Kombination von essentieller Fettsäure und Zink. Das passt zu den Erfordernissen des Stoffwechsels der Fettsäuren, und beide Faktoren stärken das Immunsystem. Die Immunzellen profitieren außerdem vom zellschützenden Effekt des enthaltenen Vitamin E. Daher ist die Regulierung des Immunsystems ein sinnvolles Einsatzgebiet für Schwarzkümmelöl. Bei chronischen Atemwegserkrankungen beispielsweise passt es gut. Es wird daher ab Seite 184 nochmal vorkommen.

Schwarzkümmelöl enthält außerdem ätherische Öle, es ist daher recht würzig. Viele Pferde finden das toll, andere gar nicht. Die Akzeptanz für dieses Öl schwankt daher von Pferd zu Pferd sehr. Die üblichen Tagesmengen sind mit 10 bis 60 ml die gleichen wie bei Leinöl.

Reiskeimöl

Reiskeimöl wird zum Muskelaufbau beworben. Anders als die kalt gepressten Öle wird es mittels Lösungsmittel aus Reiskleie gewonnen und anschließend raffiniert. Durch diese umfangreiche Verarbeitung werden Begleitstoffe entfernt, das Öl wird annähernd geruchlos.

Reiskeimöl enthält Gamma-Oryzanol sowie Linolsäure (29 bis 42%), etwas Linolensäure (0,5 bis 1,5%) und geringe Mengen Vitamin E. Die Besonderheit ist das Gamma-Oryzanol. Es ist ebenfalls Fett, es wird ihm eine anabole Wirkung zugeschrieben. Das heißt, es fördert die körpereigene Proteinsynthese und bewirkt so den Aufbau von

Muskelgewebe. Inwieweit Reiskeimöl vor allem bei den üblichen Tagesmengen von 5 bis 25 ml wirklich Muskelaufbau bewirkt, sei dahingestellt. In Sachen essentieller Fettsäuren ist Leinöl weit überlegen, der Vitamin E-Gehalt ist in Schwarzkümmelöl deutlich höher.

Rapsöl

Rapsöl ist als Futteröl attraktiv, denn es ist recht preiswert. Das spielt dann eine Rolle, wenn man mit Öl einen nennenswerten Beitrag zur Ernährung leisten möchte. Man kann zur Energiezufuhr bis zu 500 ml täglich an ein Großpferd verfüttern. Die tägliche Menge muss langsam gesteigert werden, um die Leber daran zu gewöhnen. Es bietet sich an, mit 50 ml zu beginnen und dann alle zwei bis 3 Tage in 50 ml-Schritten langsam zu steigern. Sobald die Pferdeäppel zu weich werden, sollte man eine Stufe zurückgehen und dann erst wieder weiter steigern, wenn die Konsistenz des Pferdehaufens wieder stimmt. Aus weichen Pferdeäppeln und damit der entsprechenden individuellen Kapazität für die Fettverdauung ergibt sich auch die jeweilige Höchstmenge des einzelnen Tieres, die selbstverständlich auch vom Körpergewicht abhängt. Ein Pony mit 300 kg Lebendmasse ist in der Regel mit 250 ml Öl am oberen Ende der Tagesmenge angekommen. Öl ist vor allem für Pferde mit schlechten Zähnen attraktiv als Energiequelle, da man es nicht kauen muss. Ungeeignet ist eine Ölfütterung für Pferde mit schlechter Leberfunktion.

Rapsöl enthält reichlich Vitamin E, nämlich 2500 mg in 100 ml. Was Vitamin E für den Körper leistet, wird im übernächsten Kapitel ab Seite 62 besprochen. Die Zusammensetzung der essentiellen Fettsäuren ist ebenfalls recht gut. Der Anteil an Linolsäure liegt bei 15 bis 30 %, der an Linolensäure bei 5 bis 14 %.

AUF EINEN BLICK

- Öle enthalten ungesättigte Fettsäuren
- Die wichtigsten essentiellen Fettsäuren sind die Omega-6-Fettsäure Linolsäure und die Omega-3-Fettsäure Linolensäure, Linolensäure ist die wertvollere essentielle Fettsäure der beiden
- Essentielle Fettsäuren sind unter anderem wichtig für Haut und Fell sowie für das Immunsystem
- Für die Verarbeitung essentieller Fettsäuren wird das Spurenelement Zink benötigt
- Leinöl enthält bis zu 71 % Linolensäure und wenig Vitamin E
- Leinöl eignet sich besonders zur Unterstützung des Fellwechsels und zur Stabilisierung der Hautfunktion
- Schwarzkümmelöl hat einen Anteil von rund 55 % Linolsäure, enthält sehr viel Vitamin E und die Mineralien Calcium, Magnesium, Kalium, Natrium sowie Zink, Chrom, Mangan, Selen
- Schwarzkümmelöl ist immunregulierend vor allem durch die Kombination von essentiellen Fettsäuren und Zink
- Reisöl ist ein raffiniertes Öl, kein kalt gepresstes
- Reisöl gilt als aufbauend für die Muskulatur durch den Inhaltsstoff Gamma-Oryzanol
- Rapsöl kann als Futter dienen, Gabe bis 500 ml täglich für ein Großpferd
- Rapsöl enthält bis zu 44% essentielle Fettsäuren und viel Vitamin E

Mineralstoffe – in Mengen und in Spuren

Im Pferdefutter dürfen die Mineralstoffe nicht fehlen. Doch wie viel soll es sein, in welcher Form und was tun die Stoffe eigentlich?

Bis jetzt ging es um Futtermittel, die das Pferd satt machen. Viele Pferde sind mit Heu bereits vollständig ernährt im Sinne von Energiezufuhr und Versorgung mit Eiweiß. Aber Heu alleine reicht dann doch nicht ganz. Ein Mineralfutter gehört noch dazu. Das liegt unter anderem daran, dass letztlich unser Grünland nur wenig Artenvielfalt bietet. Dazu mehr ab Seite 68 beim Thema Weideland. Aber selbst wenn man die Flächen komplett neu anlegen und gewissenhaft mit den unterschiedlichsten Pflanzen besiedeln würde, eine natürliche Situation erreicht man schon deshalb nicht, weil der Boden sich nicht ändert. Pferde in freier Wildbahn leben nomadisch. Dadurch fressen sie Pflanzen von unterschiedlichen Standorten, die je nach Boden eben auch entsprechend unterschiedliche Mineralien enthalten. Spätestens an diesem Punkt scheitert es dann mit der komplett natürlichen Mineralstoffversorgung, eine nomadische Lebensweise können wir unseren Haustieren beim besten Willen nicht bieten. Wer besonders ambitioniert ist, kann Wildpflanzen an wechselnden Standorten mit variierenden Böden sammeln. Andere kaufen ein geeignetes Mineralfutter. Und damit geht es schon los, was heißt schon geeignet? Auf besondere Anforderungen für Pferde im Leistungssport, für heranwachsende Pferde, für Stuten mit Fohlen bei Fuß, alte oder kranke Pferde geht der Praxisteil ein. An dieser Stelle geht es zunächst um die Beschreibung der Mineralstoffe, die ein gesundes Freizeitpferd braucht. Die Mineralstoffe werden eingeteilt in Mengenelemente und Spurenelemente. Und diese Bezeichnungen meinen auch das, was man dahinter vermutet. Pferde brauchen davon mehr oder weniger, je nach Mineralstoff.

Mineralstoffe sind überwiegend Salze, das heißt, sie bestehen aus zwei verschieden geladenen Ionen. Diese Salze sind anorganische Verbindungen und lösen sich in Wasser mehr oder minder gut und zerfallen dabei in die beiden Bestandteile. Daher werden die Mineralstoffe dann als ihre Ionen dargestellt. Beim Kochsalz NaCl beispielsweise sind das die Ionen Na^+ und Cl^-. Von dieser elektrischen Ladung der Salze kommt auch die Bezeichnung Elektrolyte, diese geladenen Elemente haben wichtige Funktionen im Körper. Elektrolyte sind Mineralstoffe.

Gesunden Pferden sollte immer ein Salzleckstein zur Verfügung stehen, ob nun als Himalayasalz oder einfach als weißes Kochsalz

Manche Mineralstoffe sind auch an Kohlenwasserstoffe gebunden. Diese nennt man organisch gebunden. Ein schönes Beispiel ist Selenocystein. Hier ist das Selen Bestandteil einer Aminosäure. In solch einem Fall wird der Mineralstoff gemeinsam mit der Aminosäure im Dünndarm aufgenommen. Dieser Prozess verläuft anders als die Aufnahme der wasserlöslichen Salze im Dickdarm. Für einige Mineralstoffe macht es einen erheblichen Unterschied, über welchen Weg sie aufgenommen werden. Die organische Bindung schützt auch zu einem gewissen Grad vor den Mineralstoffräubern. Das sind, wie schon erwähnt: Phytat, Aluminium und Eisen. Mangan spielt hier und da auch eine Rolle bei der Aufnahme von Mineralstoffen. Insgesamt sind die Wechselwirkungen vielfältig und werden daher bei jedem Mengen- und Spurenelement einzeln dargestellt.

Mengenelemente Calcium und Phosphor

Beide Mineralstoffe kommen in der Natur reichlich vor. Sie sind auch nicht knapp im Futter. Dennoch sind sie ein wichtiger Grund, Mineralfutter zu geben. Von zentraler Bedeutung ist das Verhältnis von Calcium zu Phosphor. Die Verwendung der beiden Elemente im Körper ist sehr eng verbunden. Calcium und Phosphor bilden zusammen die Hartsubstanz der Knochen und Zähne im Verhältnis 5 : 3.

Calcium

Der weit überwiegende Anteil, nämlich 99 %, des Calciums ist in die Knochen und Zähne eingebaut. Der Rest befindet sich im Blut und allen Zellen. Funktionen von Calcium im Körper sind vor allem:

- Aufbau der Hartsubstanz von Knochen und Zähnen
- Aufbau von Membranpotentialen an den Nerven- und Muskelzellen
- zellinterne Kommunikation

Ein Mangel an Calcium im Blut führt zu Unruhe, Muskelkrämpfen und Bewegungsstörungen. Er kommt selten vor. Noch seltener ist der Calciumüberschuss im Blut da der Körper dies genau reguliert.

Phosphor

Phosphor, oder genauer sein Ion Phosphat PO^{4-}, liegt zu 80 % im Knochen vor. Ansonsten ist es im Körper überall vorhanden. Funktionen von Phosphor im Körper sind insbesondere:

- Aufbau der Hartsubstanz von Knochen und Zähnen
- Säurepuffer
- wesentlicher Bestandteil der DNA und RNA
- Seitengruppe vieler Enzyme
- das P im Energiespeichermolekül ATP

Phosphat ist unter den normalen Lebensumständen eines Pferdes nie knapp. Die Regulierung des Körpers durch verminderte Aufnahme und erhöhte Ausscheidung verhindert auch Überschüsse.

Verhältnis von Calcium zu Phosphor

$Ca2^{+}$ und $PO4^{-}$ bilden das schwer lösliche Salz Calciumphosphat. Das führt zu Harnsteinen und zu Gefäßverkalkung. Deshalb dürfen die beiden Ionen nicht in zu großen Mengen im Blut vorliegen und werden genau reguliert durch gleich drei verschiedene Mechanismen:

- Aufnahme aus dem Darm
- Ein- und Ausbau in die bzw. aus den Knochen
- Ausscheidung über die Niere

Dabei triggert sowohl ein niedriger Calcium-Wert als auch ein hoher Phosphat-Wert im Blut den Abbau der Knochen. Das Verhältnis von Calcium zu Phosphor muss zum Knochenwert 5 : 3 passen, das erleichtert dem Körper die Regulation durch Einbau ungemein und schützt so die Knochen. In der Fütterung wird eine Ca : P-Verhältnis von 2 : 1 angestrebt. Das berücksichtigt das Verhältnis in den Knochen von 5 : 3 und eine Extramenge an Calcium für die übrigen Funktionen.

Heu und Gras enthalten oft nicht genug Calcium, was aber auch vom Boden abhängt und von der Pflege des Grünlands. Es liegt zwischen 1 : 1 und 3 : 1. Wer es genau wissen will, macht Boden- und Heuanalysen. Verschiedene Getreide haben ein ungünstiges Ca : P-Verhältnis. Bei Hafer beträgt es 1 : 3. Bei Müslis lohnt ein Blick auf die Zusammensetzung, wobei zusätzlich berücksichtigt werden muss, dass enthaltener Mais beispielsweise durch den Gehalt an Phytat Calcium wegfängt.

Ein pragmatischer Weg ist es, ein Mineralfutter zu geben, das das Verhältnis zugunsten des Calciums verschiebt. Einen gewissen Überschuss an Calcium und Phosphor kann der Körper durch Ausscheidung leicht ausgleichen. Ein übergroßer Überschuss an Calcium jedoch ist auch schädlich. Er kann zu Harnsteinen führen sowie zu Kristallablagerungen in Gelenken und in den Nieren. Ein zu weites Verhältnis von Ca : P schädigt auch die Knochen. Daraus ergibt sich, dass man bei reiner Heufütterung ein Mineralfutter geben sollte, dessen Ca : P-Verhältnis höchstens 2,5 bis 3 : 1 beträgt. Bei Gabe großer Mengen von Getreide bieten sich Mineralfutter mit einem weiteren Verhältnis bis zu 6 : 1 an. Gleichzeitig muss man im Blick behalten, was sonst noch gefüttert wird. Luzerne mit ihrem weiten Ca : P-Verhältnis von 7 : 1 beeinflusst ebenfalls die Wahl des Mineralfutters, das dann bevorzugt im unteren Bereich des Ca : P-Verhältnisses liegen sollte. In dem Fall sollte man auch am unteren Ende der Dosisempfehlung des Mineralfutters bleiben.

Bei jedem guten Mineralfutter wird der Gehalt an Calcium und Phosphor angegeben, meist in Prozent. Angenehm wäre es natürlich, das Ca : P-Verhältnis stünde in der Inhaltsangabe, aber das ist eine einfache Rechenaufgabe. Hier zwei Beispiele aus handelsüblichen Mineralfuttern:

Beispiel 1:
Calcium 5,60 %, Phosphor 2,10 %
5,6 geteilt durch 2,1 = 2,7
Das Verhältnis von Ca : P ist also hier 2,7 : 1.
Das ist ein passendes Mineralfutter für eine Heu-/Grasfütterung ohne oder mit geringem Kraftfutteranteil.

Beispiel 2:
Calcium 16 %, Phosphor 2,6 %
16 geteilt durch 2,6 = 6,2
Das Verhältnis von Ca : P ist also hier 6,2 : 1.
Das ist ein passendes Mineralfutter für eine Fütterung mit hohem Kraftfutteranteil.

Bei der Wahl des Mineralfutters sollte das Ca:P-Verhältnis unbedingt berücksichtigt werden. Es muss zum gesamten Futterplan passen. Wenig oder kein Getreide im Futterplan, Zugabe von Luzerne, sind beides Gründe, ein Mineralfutter mit einem Ca : P-Verhältnis von höchstens 2,5 bis 3 : 1 zu wählen.

Wechselwirkungen

Für die Aufnahme von Calcium sind die Mineralstoffräuber Phytat, Aluminium und Eisen sowie Mangan hinderlich. Phytat ist das Salz der Phytinsäure und in Mais, Weizenkleie, Reiskleie und Sojaschrot enthalten. Eisen und Mangan kommen oft durch Tränkewasser ins Spiel, wenn es aus Brunnen stammt. Dieses Wasser hat in vielen Fällen einen erhöhten Gehalt an Eisen und/oder Mangan. Aluminium kann beispielsweise aus Futtertrögen stammen, allerdings ist dies angesichts der zunehmenden Verwendung lebensmittelechter Kunststoffe ein immer seltener auftretendes Problem. Brunnenwasser sollte unbedingt auf seine Verwendbarkeit für Tiere analysiert werden. Dazu stehen verschiedene Labore direkt über das Internet zur Verfügung.

Magnesium ist ein Gegenspieler von Calcium in den Muskelzellen. Calcium bewirkt die Kontraktion der Muskelzellen. Magnesium dämpft diese Wirkung.

Mengenelement Magnesium

Magnesium ist in Heu und Weidegras ausreichend vorhanden. Magnesiummangel äußert sich in Unruhe, Übererregbarkeit, Muskelzittern und Muskelkrämpfen. Unter normalen Umständen ist ein Magnesiummangel beim Pferd allerdings die Ausnahme. Allgemeine Nervosität hat meist andere Ursachen, die von zu hohem Kraftfutteranteil über Stress durch die Lebensumstände bis zu gesundheitlichen Problemen mit Schmerzen reichen.

Insgesamt ist dieser Mineralstoff recht unproblematisch. Magnesium ist in praktisch jedem üblichen Mineralfutter enthalten. Ein Überschuss bis zum 4fachen der benötigten Menge wird über die Niere ausgeschieden. Wer versuchsweise zusätzlich Magnesium füttert, produziert also schlimmstenfalls teuren Urin. Ein gleichzeitiger Überschuss von Magnesium und Phosphor kann allerdings zu Problemen in Form von Darm- und Harnsteinen führen. Magnesium und Phosphat bilden ein schwer lösliches Salz.

Wechselwirkungen

Phytat behindert auch hier die Aufnahme. Eine Maisfütterung kann auf diesem Weg

Die meisten Mineralfutter sind pellettiert

sekundär zu einem Magnesiummangel führen. Dies gilt umso mehr, als die Aufnahme von Magnesium aus dem Darm gemeinsam mit gelöstem Calcium erfolgt, das ebenfalls durch Phytat gebunden wird.

Calcium und Magnesium sind Gegenspieler bei der Muskelkontraktion. Magnesium reduziert eine Krampfneigung. Außerdem gibt es eine Wechselbeziehung zwischen Magnesium und Kalium. Magnesium unterstützt Kalium bei der Beendigung der Nervenerregung. So beruhigt es übererregbare Nerven.

Mengenelement Kalium

Das Kalium ist entscheidend für die Erregung der Nerven- und Muskelzellen. Der überwiegende Teil des Kaliums liegt in den Zellen vor. Im Blut ist der Wert streng reguliert, denn dieses Gefälle zwischen innen und außen ist die Grundlage der elektrischen Potentiale an den erregbaren Zellen. Der normale Bedarf ist durch Heu und Gras bereits ausreichend gedeckt. Überschüsse scheidet der Körper über die Nieren aus.

Durch Schwitzen verliert das Pferd 1,6 g Kalium pro Liter Schweiß, aber selbst dieser Verlust ist allenfalls im Leistungssport und bei Distanzpferden so hoch, dass eine Zugabe von Kalium erforderlich wird.

Pferde mit der Erbkrankheit HYPP reagieren empfindlich auf Kalium. Diese früher bei Quarter Horses häufiger auftretende Problematik ist aufgrund züchterischer Sorgfalt inzwischen weitgehend verschwunden.

Mengenelemente Natrium und Chlor

Natriumchlorid, also Kochsalz, spielt eine Rolle bei der Erregung von Nerven- und Muskelzellen. Es hält außerdem Wasser im Körper. Die Ausscheidung wird wesentlich durch die Niere gesteuert. Natriumchlorid sollte jedem Pferd immer in Form eines Salzlecksteins zur Verfügung stehen. Der Bedarf ist individuell sowie je nach Wetter und Futter verschieden. Ist das Gras frisch und grün, nehmen die Pferde mehr Salz auf als bei reiner Heufütterung im Winter oder trockenem Steppengras im Sommer. Das kann man getrost den Pferden selbst überlassen.

Schwitzen die Pferde sehr stark, müssen die Salzverluste durch Zugabe von Kochsalz ausgeglichen werden. Ein Pferd verliert 3 bis 4 g Natrium und 5,5 g Chlorid pro Liter Schweiß. Bei mittlerer Arbeit kann ein Pferd durchaus bis zu 15 Liter Schweiß produzieren, bei einem Distanzritt können das 25 bis 40 Liter Schweiß sein. Das wären bei 15 L Schweiß dann 45 bis 60 g Natrium und 82,5 g Chlorid. Diese Mengen kann ein Pferd in kurzer Zeit allein durch Lecken schlecht aufnehmen. Daher muss an solchen Tagen zusätzlich Salz mit dem Futter gegeben werden.

Mangel an Kochsalz äußert sich oft durch Erdefressen. Auch Appetitmangel, Austrocknung oder Verstopfung kann die Folge sein. Ein moderater Überschuss ist lediglich kritisch bei Pferden mit Nierenerkrankungen und bei Herzinsuffizienz. Darum soll es nochmal im Kapitel zu alten Pferden ab Seite 122 gehen.

Spurenelement Jod

Das Spurenelement Jod ist Bestandteil der Schilddrüsenhormone. Eine Unterversorgung mit Jod führt entsprechend zu Symptomen einer Schilddrüsenunterfunktion. Das wären unter anderem Gewichtszunahme, schlechtes Fell, Lethargie, Schreckhaftigkeit und eine vergrößerte Schilddrüse. Überschüsse an Jod werden zunächst einmal über den Urin ausgeschieden. Eine Schilddrüsenüberfunktion durch massive Überversorgung würde zu Gewichtsabnahme und Unruhe führen, ist aber beim Pferd extrem selten.

Mineralfutter enthalten Jod in der Regel als Calciumiodat = Kalziumjodat. Dies ist eine anorganische Formulierung, die das Pferd sehr gut aufnehmen und im Stoffwechsel verwenden kann.

Man kann spekulieren, dass Rassen wie die Isländer, die eigentlich an der Meeresküste leben und daher an eine hohe Jodversorgung adaptiert sind, eine höhere Jodversorgung zumindest gut tolerieren oder sogar benötigen. Bei entsprechenden Symptomen eines Jodmangels trotz guten Mineralfutters sind Meeresalgen eine Variante der zusätzlichen Jodversorgung. Sie enthalten teilweise große Jodmengen, weshalb die Dosierung durch eine fachkundige Person, ob nun Ernährungsberater, Tierheilpraktikerin oder Tierarzt, berechnet werden sollte.

Spurenelement Eisen

Bei Eisen ist die Sache mit den Ionen etwas komplizierter, es kommt als $Fe2^{+}$ und $Fe3^{+}$ vor. Sinnvoll verwendbar für den Körper ist $Fe2^{+}$. $Fe3^{+}$ ist schwer löslich und ist der Mineralstoffräuber. Der weit überwiegende Teil des Eisens im Körper liegt als $Fe2^{+}$ vor. Zweidrittel davon ist gebunden im roten Blutfarbstoff Hämoglobin und dient dort dem Transport von Sauerstoff. Eisenmangel führt entsprechend zu einem Mangel an Roten Blutkörperchen, die auch noch zu klein sind. Die Sauerstoffversorgung des Körpers geht herunter, die Leistungsbereitschaft nimmt ab. Bei Verdacht auf diese Blutarmut = Anämie gibt ein Blutbild klare Auskunft. Eine Unterversorgung mit Eisen ist beim Pferd allerdings extrem selten, denn es kommt im Raufutter reichlich vor. Die Anämie entsteht häufig durch Blutverlust. Das können auch innere Blutungen sein. Hier ist die Tiermedizin zur weiteren Diagnostik gefordert.

Im Mineralfutter ist Eisen in der Regel als Eisen(II)-sulfat oder als organische Verbindung Eisen(II)-Glycinchelat enthalten. Aus beiden Formulierungen wird $Fe2^{+}$ gut aufgenommen. „Eisen(II)" ist eine andere Schreibweise für $Fe2^{+}$.

Wechselwirkungen

Hohe Manganmengen im Futter oder im Tränkewasser behindern die Aufnahme von Eisen. Das eventuell im Wasser vorhandene $Fe3^{+}$ ist ein Mineralstoffräuber. Dies sind wieder Gründe, zum Tränken verwendetes Brunnenwasser zu analysieren. Im Falle eines Kupfermangels kommt es zu einer reduzierten Aufnahme von Eisen aus dem Futter. Auch der Mineralstoffräuber Phytat fängt Eisen weg. Manchmal erklärt ein Blick ins Müsli mit hohem Maisgehalt, warum das Eisen im Körper nicht gut ankommt. So kann indirekt dann trotz reichlicher Zufuhr über das Futter ein Eisenmangel entstehen.

Spurenelement Zink

Zink wurde bei den Ölen schon einmal angesprochen. Zink spielt bei ganz vielen Enzymen im Körper eine zentrale Rolle, für die Vorgänge der Zellteilung ist es unerlässlich. Angesichts dieser sehr vielfältigen Aufgaben sind auch die Symptome eines Zinkmangels breit gefächert. Sie betreffen das Immunsystem, die Wundheilung und die Fruchtbarkeit, um nur einige Punkte zu nennen. Einen erhöhten Bedarf gibt es im Fellwechsel und bei Infektionen. Auch Zuchtpferde haben einen erhöhten Bedarf, mehr dazu ab Seite 110.

Gerade bei Zink ist eine dauerhafte Versorgung wichtig, denn dieses Spurenelement kann der Körper kaum speichern. Wegen dieser geringen Speicher sind speziell bei Zink die Blutwerte recht aussagekräftig. Zink ist zunächst einmal in der pflanzlichen Nahrung reichlich vorhanden. Inwieweit es tatsächlich zu einer Abnahme des Zinkgehalts im Futter kommt, wie von manchen Herstellern von Zusatzfutter behauptet, ist

Mineralfutter in Form von Leckerlis ist praktisch, wenn kein Kraftfutter gegeben wird

nicht ausreichend erforscht. Im Mineralfutter liegt Zink in verschiedenen Formulierungen vor, das Spektrum reicht von Zinkchelat über Zinksulfat, Zinkchlorid bis zu Zinkoxid. Die Reihenfolge gibt die Aufnahme in den Körper absteigend wider, Zinkoxid wird also am schlechtesten resorbiert. Zinkchelat und Zinksulfat sind gut geeignete Formulierungen für das Pferd.

Wechselwirkungen

Wird über längere Zeit zu viel Zink zugeführt, wird die Aufnahme von Kupfer reduziert. Der daraus entstehende Kupfermangel führt dann zu Eisenmangel, es entsteht eine echte Kettenreaktion. Bei Zink gilt also nicht „viel hilft viel", es muss die richtige Menge sein. Bevor gezielt zusätzlich zum Mineralfutter noch hohe Mengen an Zink gegeben werden, sollte eine Blutanalyse erfolgen. Deshalb sollten auch die Dosisempfehlungen für Schwarzkümmelöl nicht grundlos überschritten werden.

Spurenelement Kupfer

Kupfer kommt im Pferdefutter meist ausreichend vor. Kupferarme Böden können eine Gabe durch Mineralfutter erforderlich machen. Da Fohlen Kupfer in der Leber schlecht speichern können, sind sie auf eine kontinuierliche Zufuhr über die Muttermilch angewiesen. Äußerlich sichtbares Symptom eines Kupfermangels ist der Farbverlust des Fells, es kommt zu hellen Stellen beispielsweise rund um die Augen. Weitere Symptome sind Hautreizungen und Gelenkschwellungen des heranwachsenden Pferdes. Kupfermangel begünstigt die Entstehung von Gelenkchips. Durch die Wechselwirkung mit Eisen kommt es daneben zum Mangel an Roten Blutkörperchen. Ein Kupferüberschuss wird von einer gesunden Leber ausgeschieden.

Im Mineralfutter ist Kupfer als die anorganische Formulierung Kupfer(II)-sulfat oder als organisches Kupfer(II)-Glycinchelat enthalten. Die organische Variante wird etwas besser resorbiert.

Wechselwirkungen

Ein Kupfermangel führt zu einer reduzierten Aufnahme von Eisen und damit zu sekundärer Blutarmut (Anämie).

Spurenelement Mangan

Mangan ist an vielen Prozessen im Körper beteiligt und wird auch in die Knochen eingelagert. Dennoch wird es nur in sehr geringen Mengen benötigt. Der normale Bedarf ist über das Raufutter abgedeckt. Deutlich zu hohe Mangan-Versorgung kann giftig werden. Es kommt vor allem zu Nervenschäden, zu Blutarmut und zu Calciummangel. Dies ist zu bedenken, wenn Mangan bei Pferden mit PSSM2 eingesetzt wird. Dazu mehr ab Seite 166.

Im Mineralfutter wird Mangan als organische Verbindung Glycin-Manganchelat und als die anorganischen Salze Mangan(II)-sulfat und Mangan(II)-oxid angeboten. Sie sind hier wieder in absteigender Reihenfolge sortiert, was die Aufnahme in den Körper betrifft.

Wechselwirkungen

Mangan behindert die Resorption von Eisen und Calcium. Mangan ist auch Beute des Mineralstoffräubers Phytat.

Spurenelement Cobalt

Dieses nur in minimalen Mengen benötigte Spurenelement wird von der Darmflora benötigt, um Vitamin B12 herzustellen. Die Resorption von Cobalt erfolgt dann als Bestandteil in aller erster Linie als Vitamin B12. Die Versorgung über das Raufutter ist in aller Regel gesichert. Deshalb ist Cobalt auch in vielen Mineralfuttern nicht enthalten. Wenn es dabei ist, liegt es als anorganisches Cobalt(II)carbonat vor, das die Verfügbarkeit für die Darmflora ausreichend sicherstellt. Mehr zu Vitamin B12 ab Seite 64.

Spurenelement Selen

Selen ist immer wieder Thema beim Mineralfutter. Der Selengehalt des Bodens in Deutschland ist von Ort zu Ort sehr verschieden. Daher gibt es keine allgemeine Empfehlung, möglichst viel Selen zu füttern. Selen ist für viele Enzyme wichtig, es ist in allen Blutzellen vorhanden, spielt für die Muskelfunktion eine wichtige Rolle und dient allgemein als Schutz vor Radikalen. Diese letztere Funktion kann auch Vitamin E übernehmen und soll deshalb ab Seite 65 besprochen werden.

An dieser Stelle interessiert vor allem die Tatsache, dass Selenmangel und Selenüberschuss nahe beieinander liegen. Hinzu kommt, dass der Bedarf verschiedener Pferderassen unterschiedlich ist. So gelten für Islandponys in den meisten Laboren deutlich niedrigere Referenzwerte für den Gehalt an Selen im Blut. Verkompliziert wird die Sache dadurch, dass die Symptome für Selenmangel und toxischen Selenüberschuss sehr ähnlich sind. In beiden Fällen kann es zu unspezifischen Lahmheiten kommen. Und wer kann schon auf den ersten Blick den Muskelschwund durch Selenmangel von einer Abmagerung durch Selenüberschuss unterscheiden? Typisch für einen Selenüberschuss sind Verlust des Langhaars und schlechtes Hufhorn. Infektanfälligkeit kann durch Selenmangel bedingt sein.

Insgesamt sollte Selen nicht wahllos über einen gewissen Grundbedarf hinaus zugefüttert werden. Auch hier gilt nicht „viel hilft viel“. Ob das Mineralfutter von der Selenzufuhr her zum jeweiligen Pferd passt, sollte bei entsprechenden Symptomen durch ein Blutbild abgeklärt werden. Selen kommt im Mineralfutter als Natriumselenit vor, das eine anorganische Verbindung darstellt. Organisch ist die Aminosäure Selenocystein, die durch inaktivierte Selenhefe ins Mineralfutter kommt. In dieser Form wird die Resorption und Verfügbarkeit im Körper deutlich verbessert. Wechselwirkungen mit anderen Mineralstoffen gibt es für Selen nicht.

Weitere Bestandteile von Mineralfutter

Mineralien pur frisst kein Pferd. Es müssen schmackhafte Trägerstoffe her, je natürlicher, desto besser. Getrocknete Wiesenkräuter werden von Pferden verständlicherweise deutlich besser angenommen als Kieselerde. Darauf zu achten ist, ob die Produkte melassiert sind, was den Zuckergehalt erhöht und für die bekannten Kandidaten mit EMS, PSSM1 und Magenschleimhautentzündung vermieden werden muss. Bei jedem guten Mineralfutter wird der Gehalt an Stärke und Zucker mit angegeben.

Das passende Mineralfutter

Die Wahl des Mineralfutters kann sehr komplex sein. Die Werbeaussagen passen oft nicht genau zu den Inhaltsstoffen. Der erste Blick sollte immer dem Ca : P-Verhältnis gelten, das der Haltung und Nutzung entsprechen muss.

Die übrigen Anforderungen ergeben sich aus vielen verschiedenen Faktoren von minimiertem Zucker für EMS-Kandidaten über Zufuhr bestimmter Spurenelemente in bestimmten Regionen aufgrund des Bodens bis hin zu Zuchtpferden manchen Krankheiten, die von bestimmten Mineralstoffen günstig beeinflusst werden. Zu den speziellen Anforderungen bei Muskelarbeit, bei Mutterstuten, heranwachsenden Pferden und Deckhengsten sowie zu den verschiedenen Einflüssen bei Krankheiten mehr im Praxisteil. Eine umfassende Empfehlung ist aufgrund der komplexen und individuell verschiedenen Anforderungen unmöglich. In schwierigeren Fällen kann eine qualifizierte Ernährungsberatung am besten weiterhelfen.

AUF EINEN BLICK

- » Pferde brauchen zusätzlich zu Heu ein Mineralfutter
- » Das Ca : P-Verhältnis muss zur Fütterung passen und sollte bei Heufütterung ohne oder mit wenig Kraftfutter maximal 3 : 1 betragen
- » Die Versorgung mit den Mengenelementen Magnesium und Kalium ist in der Regel unproblematisch, da das Raufutter reichlich enthält und gleichzeitig Überschüsse ausgeschieden werden
- » Natriumchlorid sollte immer als Salzleckstein zur Verfügung stehen und muss bei starkem Schweißverlust zusätzlich ausgeglichen werden
- » Jod- und Eisenmangel sind sehr selten
- » Für Zink und Selen sollten im Zweifel Blutwerte bestimmt werden, bevor eine gezielte Ergänzung des Mineralfutters erfolgt
- » Zinküberschuss führt zu Kupfermangel, der zu Eisenmangel führt
- » Mangan- und Selenüberschuss sind schnell toxisch
- » Kupfermangel spielt vor allem für Fohlen und heranwachsende Pferde eine Rolle
- » Organische Verbindungen werden allgemein besser resorbiert, relevant ist dies vor allem bei Selen, das als Selenocystein aus Selenhefe besser aufgenommen wird
- » Wird aus Brunnen getränkt, sollte das Wasser unbedingt analysiert werden, da insbesondere der Eisen- und Mangangehalt Auswirkungen hat
- » Es gibt verschiedene Wechselwirkungen zwischen den Mineralstoffen, weshalb ein gut balanciertes Mineralfutter nur unter genauer Betrachtung der Effekte ergänzt werden sollte

Vitamine – von A bis K

Vitamine sind Moleküle, die der Körper zum Leben braucht, die er aber nicht selbst herstellen kann. Natürlich brauchen auch Pferde Vitamine.

Man kann die Vitamine zunächst grob einteilen in wasserlösliche und fettlösliche Vitamine. Diese Einteilung ist für die Fütterung wichtig, denn wasserlösliche Vitamine müssen theoretisch dauerhaft zugeführt werden, von den fettlöslichen kann der Körper Reserven anlegen. Überschüsse an wasserlöslichen Vitaminen werden problemlos ausgeschieden, große Überschüsse an fettlöslichen Vitaminen können toxisch werden. Wasserlöslich sind die Vitamine B und C, alle anderen, die man mit dem Merkwort EDEKA zusammenfassen kann, sind fettlöslich.

Im Grünfutter sind reichlich Vitamine enthalten. Was für Salat und Gemüse beim Menschen gilt, stimmt auch für das Pferd. Frische pflanzliche Nahrung ist gesund. Solange ein Pferd ausgiebig auf der Weide fressen kann, muss man sich mit dem Thema Vitamine nicht weiter beschäftigen. Im Winter bei Heufütterung sieht das anders aus und deshalb sind den meisten Mineralfuttern Vitamine zugesetzt. Eigentlich braucht man deshalb zwei verschiedene Mineralfutter, eines für die Grünsaison mit ausschließlich Mineralien und eines für den Winter mit Mineralien und einigen Vitaminen. Ist man in der glücklichen Lage, dass die Weidepause im Winter nur wenige Wochen andauert, kann der Pferdekörper dies mit den Reserven der fettlöslichen Vitamine durchaus überbrücken, ohne dass irgendwelche Mangelsymptome zum Tragen kämen. Dann genügt ein Mineralfutter ohne Vitamine über das ganze Jahr.

Nicht alle Vitamine, die man so nennt, sind für das Pferd wirklich Moleküle, die es mit dem Futter aufnehmen muss. Zuerst soll es um die wasserlöslichen Vitamine B und C gehen, dann in alphabetischer Reihenfolge um die fettlöslichen.

Vitamin B

Hier handelt es sich um einen ganzen Strauß von Molekülen, deshalb spricht man auch vom Vitamin B-Komplex. Dazu gehören die Vitamine B1, B2, B5, B6, B7 und B12. Die Lücken in der Zählung entstehen durch weitere Substanzen, die früher ebenfalls zu den B-Vitaminen zählten, aber nun nicht mehr als essentiell für den Menschen gelten. Da sie in vielen Mineralfuttern genannt werden, hier eine Liste der Zweitnamen verschiedener aktueller und ex-B-Vitamine: Thiamin,

Während der Weidesaison
sind Pferde mit Vitaminen
ausreichend versorgt

Riboflavin, Niacin, Pantothensäure, Biotin, Folsäure, Cobolamin. Wie viel davon nun muss im Mineralfutter für den Winter enthalten sein? Gar nichts. Eine gesunde Darmflora stellt sämtliche B-Vitamine her, auch im Winter, auch auf Basis von Heufütterung.

Gesondert erwähnt werden soll hier nochmal Vitamin B12, das beim Spurenelement Cobalt schon zur Sprache kam. Die Darmflora baut dieses sehr komplexe Molekül in resorbierbarer Form. Der einzige limitierende Faktor kann die Verfügbarkeit von Cobalt sein, das von außen mit dem Futter kommen muss. Allerdings ist es in Heu beziehungsweise Grünfutter ausreichend vorhanden. Lediglich bei echter Mangelernährung kann es zu Vitamin B12-Mangel kommen, der zu einer Blutarmut führt. Bei dieser Form der Anämie sind die roten Blutkörperchen zu groß. Man kann sie also im Blutbild gut erkennen und vom Eisenmangel unterscheiden, bei der die roten Blutkörperchen zu klein sind.

Aber wie gesagt, wer sich um die B-Vitamine sorgt, sollte die Darmflora pflegen. Wie das geht, wird im entsprechenden Kapitel ab Seite 156 besprochen

Vitamin C

Hier wird es einfacher, Vitamin C ist nur ein einziges Molekül, nämlich Ascorbinsäure. Und dann wird es noch einfacher. Pferde können Ascorbinsäure in der Leber selbst synthetisieren. Vitamin C ist also nicht wirklich ein Vitamin für Pferde. Auch einen erhöhten Bedarf beispielsweise bei Infektionen kann die Pferdeleber durchaus bewältigen. Diese Kapazität kommt lediglich bei

Das in höheren Lagen anzutreffende Gras Goldhafer ist wegen seines hohen Gehalts an Vitamin D für Pferde nicht geeignet

geschädigter Leber oder altersbedingt eingeschränkter Leberfunktion an ihre Grenzen. Bei solch kranken Pferden kann es sinnvoll sein, Vitamin C zuzuführen.

Schädlich ist eine Ergänzung des Futters mit Vitamin C für ein Pferd nicht. Die Überschüsse werden über die Niere gut ausgeschieden, es entsteht im Zweifel also mit Vitamin C angereicherter Urin.

Vitamin A

Nun wird es also fettlöslich. Pferde nehmen Vitamin A vor allem in Form von beta-Carotin auf, das man Provitamin A nennt, weil es erst in zwei Hälften gespalten werden muss, bevor es Vitamin A ist. Das ist gut so, denn dieser Prozess der Spaltung setzt der übermäßigen Zufuhr von Vitamin A Grenzen. Zu große Überschüsse werden einfach nicht verarbeitet und kommen daher beim Pferd praktisch nicht vor. Beta-Carotin lässt an Karotte denken und es stimmt, Möhren enthalten größere Mengen davon. Da sie aber eben auch viel Zucker mitbringen, sind sie als strategische Ergänzung der Vitamin A-Zufuhr nicht geeignet.

Vitamin A hat viele verschiedene Funktionen im Körper, herausragend ist seine Rolle beim Sehvorgang. Entsprechend ist Nachtblindheit eine Folge von Vitamin-A-Mangel. Daneben zeigt sich Vitamin-Mangel beim Pferd vor allem in verhornter Haut, verhornten Schleimhäuten, Infektanfälligkeit und gestörtem Knochenstoffwechsel. Der tägliche Bedarf für Vitamin A ist 7.500 IE pro 100 kg Körpermasse (IE = Internationale Einheiten).

Vitamin D

Auch hier handelt es sich um eine Gruppe von Molekülen. Für den Stoffwechsel am relevantesten ist Vitamin D3. Auch hier wird ein Vorläufer aus dem Futter aufgenommen. Die weitere Prozessierung erfolgt in der Haut mithilfe von Sonnenlicht, dann im nächsten Schritt in der Leber, von wo aus es weiter in die Niere geht, wo schließlich fertiges Vitamin D3 entsteht. Für diesen normalen Weg des Bildung von Vitamin D3 sind also gesunde Organe erforderlich und Sonnenlicht. Das Eindecken im Winter schränkt die Kapazitäten deutlich ein, zumal dann die Tage ohnehin kürzer sind und die Pferde länger im Stall stehen. Die Ergänzung im Mineralfutter erfolgt daher direkt durch Vitamin D3, soweit das aufgrund der Haltung erforderlich ist.

Vitamin D vermittelt die Aufnahme von Calcium aus dem Futter. Entsprechend hat Vitamin D-Mangel vor allem Einfluss auf die Knochengesundheit. Pferde sind sehr empfindlich auf Vitamin D-Überschuss, der durch bestimmte Pflanzen entstehen kann. Zu nennen sind hier vor allem Grünhafer und das in höheren Lagen anzutreffende Gras Goldhafer. Grünhafer ist die Haferpflanze, die vor der Kornreife geschnitten wird. Als Rinderfutter wird er gern getrocknet oder siliert verwendet. Für Pferde ist er nur sehr eingeschränkt geeignet.

Symptome eines Vitamin D-Überschusses sind unspezifische Lahmheiten, Gefäßverkalkung, Nierenverkalkung bis hin zum akuten Nierenversagen. Der tägliche Bedarf für Vitamin D3 beträgt 500 IE pro 100 kg Körpermasse (IE = Internationale Einheiten).

Vitamin E

Auch hier handelt es sich wieder um eine Gruppe von Molekülen, deren wichtigster Vertreter das alpha-Tocopherol ist. Dabei ist aufgrund seiner räumlichen Anordnung das alpha-Tocopherol aus biologischem Material dem aus chemischer Synthese deutlich überlegen in seiner Wirkung. Vitamin E ist ein sogenannter Radikalfänger. Radikale sind in diesem Fall keine politischen Extremisten, sondern Moleküle mit ungepaarten Elektronen. Diese freien Elektronen sind quasi aggressive Singles auf Partnersuche, das heißt sie sind extrem reaktiv. Sie bringen andere Elektronen-Paare auseinander und schädigen so Moleküle. Vitamin E kann diese vereinzelten Elektronen einbinden, die Singles werden bei Vitamin E in eine Gruppe aufgenommen.

Vitamin E ist in allen Pflanzen enthalten, auch in Getreidekörnern. Es ist fettlöslich und viele Öle haben einen hohen Vitamin E-Gehalt. Das gilt für Schwarzkümmelöl und Rapsöl ebenso wie für Öle in den Grassamen. Vitamin E ist flüchtig. Wird also eine Pflanze getrocknet, erhitzt oder in der Struktur zerstört wie beim Quetschen des Haferkorns, dann geht es verloren.

Vitamin E stabilisiert die Zellmembranen und hat unzählige weitere Funktionen. Vitamin E-Mangel hat vielfältige Folgen von Infektanfälligkeit über Muskelschwund, Leistungsschwäche, Wundheilungsstörungen und trockene Haut bis hin zu Konzentrationsstörungen und Reizbarkeit. Auch mangelnde Fruchtbarkeit kann die Folge von Vitamin E-Mangel sein. Einen Vitamin E-Überschuss, der zu Blutungen führen kann, erreicht man durch normale Fütterung nicht.

Der tägliche Bedarf beträgt 100 bis 200 mg pro 100 kg Körpermasse. Mittlere und schwere Muskelarbeit erhöht diesen Wert auf 400 mg, mehr dazu ab Seite 104.

Vitamin K

Die Gruppe von Molekülen, die man unter dem Begriff Vitamin K zusammenfasst, aktivieren die Blutgerinnung. Daher haben sie ihren Namen, Blutgerinnung = Koagulation. Da einige von ihnen auch wichtig für die Photosynthese sind, sind sie in Pflanzen reichlich vorhanden. Daneben leistet auch hier die Darmflora einen wertvollen Beitrag zur Versorgung. Eine zusätzliche Versorgung durch Mineralfutter ist nicht notwendig. Vitamin K-Mangel kann durch Vergiftungen entstehen, die zu einer Hemmung von Vitamin K führen. Zu nennen wären hier insbesondere das Gift Dicumarol, das durch Schimmelpilze auf Steinklee entstehen kann, und Cumarine, die in einigen Pflanzen enthalten sind, beispielsweise im Rotklee. Größere Mengen dieser Gifte stören die Blutgerinnung.

Hagebutten

Für die Vitamin-Zufuhr im Winter kann man auf ein geeignetes Mineralfutter zurückgreifen. Das ist auch der beste Weg sicherzustellen, dass die Vitamin-Mengen passen.

Eine attraktive natürliche Vitaminquelle sind Hagebutten, die natürlich auch bei längerer Lagerung zumindest Teile des flüchtigen Vitamin E verlieren. Hagebutten kann man selber sammeln oder als Futterergänzungsmittel kaufen. Da sie auch bei Arthrose einen sinnvollen Beitrag leisten, kann man bei solchen Pferden zwei Fliegen mit einer Klappe schlagen.

Wichtig ist, gerade bei hautempfindlichen Pferden die Härchen und die Kerne zu entfernen. Es sind die Hagebuttenschalen, die die wertvollen Bestandteile enthalten.

Hagebuttenschalen enthalten die Vitamine A, B, C und E. Die jeweiligen Mengen hängen ab von der Rosenart und der Witterung sowie von der Dauer der Lagerung.

Sie enthalten außerdem die Mineralstoffe Calcium, Phosphor, Magnesium, Natrium, Eisen, Zink und Kupfer, das strukturelle Kohlenhydrat Pektin und vieles mehr. Sie schmecken gerade nach dem ersten Frost süß, sprich Zucker gehört auch zu den

Hagebutten liefern Vitamine

Inhaltsstoffen, weshalb Hagebutten für die üblichen Kandidaten mit EMS, PSSM1 und mit Magenschleimhautentzündung nicht geeignet sind.

Durchschnittswerte für ganze getrocknete Hagebutten sind

- Vitamin A 164 IE pro Gramm
- Vitamin C 24 mg pro Gramm
- Vitamin E 10 mg pro Gramm

Die Dosisempfehlung von 20 bis 40 g täglich deckt damit den Bedarf nicht komplett ab. Heu und Öl liefern allerdings weitere Mengen an Provitamin A beziehungsweise Vitamin E. Die Berechnung der genauen Mengen für diese kombinierte Fütterung sollte durch eine Ernährungsberaterin erfolgen.

AUF EINEN BLICK

» Alle notwendigen Vitamine sind in Grünfutter reichlich vorhanden

» Die Vitamine B und K werden von gesunder Darmflora produziert

» Vitamin C synthetisiert das Pferd in der Leber selbst

» Kurzfristige Knappheit der fettlöslichen Vitamine EDEKA kann der Körper aus Depots im Fettgewebe überbrücken

» Vitamin A und E sollten im Winter ergänzt werden

» Vitamin D3 sollte bei eingedeckten Pferden und Pferden, die wenig Zugang zu Tageslicht haben, ergänzt werden

» Hagebutten sind eine gute natürliche Quelle für die Vitamine A, C und E

Weideland

Der Weidegang ist meist ein wesentlicher Teil der Ernährung. Es ist wichtig, diesen Beitrag in der Qualität einzuschätzen.

Es soll hier nicht darum gehen, wie man Flächen mit speziell für Pferde zusammengestelltem Saatgut neu anlegt, denn das liegt in den seltensten Fällen in den Händen der Pferdehalter. Wer Zugriff auf die landwirtschaftliche Pflege der Flächen hat, dem sei unbedingt eine Bodenanalyse empfohlen, wie sie von vielen Landwirtschaftsämtern angeboten wird. Das Kalken und gezielte Düngen der Weiden trägt wesentlich zur Pferdegesundheit bei. Eine komplett ausgehungerte Wiese führt zu maximalem Stress für die Pflanzen, die dann ungesunde Inhaltsstoffe bilden. An dieser Stelle soll es Thema sein, wie eine Weidefläche sinnvollerweise aussieht. Wie geeignet sie für Pferde ist, wie nahrhaft, das ergibt sich aus der Artenzusammensetzung und der Wuchshöhe. Und es soll um sinnvolle Pflegemaßnahmen für Weideland gehen.

Artenzusammensetzung

Grundsätzlich werden die Pflanzen auf einer Weide in drei Kategorien geteilt:

- Gräser
- Leguminosen
- Kräuter

Ein Anteil der Gräser von 50 bis 70 % gilt als gesund. Leguminosen verbessern den Boden durch ihren Eintrag von Nitrat, weil sie Luftstickstoff binden können. Ein Anteil von 10 bis 20 % ist daher günstig. Der Rest der Fläche zwischen 10 und 40 % wird von Kräutern eingenommen, von denen manche wertvoll und andere giftig sind.

Typische Gräser

Bei den Gräsern unterteilt man in Ober- und Untergräser. Die einen wachsen in die Höhe, die anderen bedecken den Boden und schützen bis zu einem gewissen Grad den Boden vor Austrocknung. Das hiesige Grünland ist meist ursprünglich für Rinder angelegt und entsprechend stehen dort stark wüchsige und sehr nahrhafte Gräser. Der Nährwert der Pflanzen wird eingestuft durch die Futterwertzahl nach Klapp. Sie soll im Folgenden als FWZ abgekürzt werden. Ihre Skala reicht von 0 = kein Futterwert bis 8 = höchster Futterwert. Giftpflanzen erhalten die Zahl minus 1. Diese FWZ beruht auf dem landwirtschaftlichen Nutzen für Rinder. Das erklärt, warum manchen Pflanzen ein Futterwert zugeordnet wird, obwohl viele Pferde

diese gar nicht fressen. Ein Beispiel wäre Johanniskraut, das die Futterwertzahl 1 erhält. Rinder sind nicht so wählerisch.

Häufige Gräser auf den Flächen sind

- Wiesenrispe, Untergras, trittfest, Standorte nass bis trocken, FWZ 8
- Deutsches Weidelgras = Englisches Raygras, Untergras, Standorte feucht bis trocken, FWZ 8
- Knaulgras, Obergras, sehr stark wüchsig, Standorte feucht bis trocken, FWZ 7
- Wiesenfuchsschwanz, Obergras, Standorte nass bis frisch, FWZ 7
- Wiesenschwingel, Obergras, Standorte nass bis frisch, FWZ 8
- Schweidel = Hybride zwischen Wiesenschwingel und Deutschem Weidelgras

Zur Bestimmung der Gräser eignen sich moderne Apps für das Smartphone, weshalb an dieser Stelle auf die detaillierte Beschreibung verzichtet wird.

Pferdesaaten

In Pferdesaaten sind meistens Deutsches Weidelgras, Wiesenfuchsschwanz und Wiesenschwingel ebenfalls vertreten. Gerade das Deutsche Weidelgras mit seiner hohen Trittfestigkeit ist für Pferdeweiden durchaus sinnvoll. Ein ebenfalls sehr trittfestes Gras ist das Wiesenlieschgras = Timotheegras. Es eignet sich vor allem für fette Böden und feuchte bis nasse Standorte. Die FWZ ist 8. Es ist also ebenfalls sehr nahrhaft. Mit FWZ 5 senkt die Artengruppe der Rotschwingel den Futterwert der Pferdesaat.

Ungräser

Es handelt sich vor allem um das Wollige Honiggras und Quecken, die bei massenhaftem Auftreten als Ungräser gelten, weil sie andere, nahrhaftere Gräser verdrängen. Sie haben die FWZ 4. Das Wollige Honiggras wird von Pferden sehr ungern gefressen. Es hat zwar die FWZ 4, aber wie gesagt sind Rinder nicht so wählerisch. Es ist leicht erkennbar durch die großen Horste, den hohen Wuchs und die wollige Behaarung der Blätter.

Leguminosen

Nicht nur Luzerne, Esparsette und Soja sind Leguminosen, auch auf dem Grünland wachsen Vertreter dieser großen Pflanzenfamilie. Das sind vor allem Weißklee, Rotklee, Hornklee, Wicken und Wiesenplatterbse. Sie alle haben einen hohen Eiweißanteil und verbessern den Boden. Alle diese Pflanzen enthalten mehr oder minder starke Fraßgifte, sollten also nicht in großen Mengen aufgenommen werden. Zu nennen wären beispielsweise gerinnungshemmende Cumarine in Rotklee. Am verträglichsten und schmackhaftesten für Pferde ist Weißklee.

Wuchshöhen und Nährwert	sehr wenig	wenig	gut	viel
Bestandshöhe in cm	15	25	35	45
Frischmasse in kg pro m^2	0,5	1	1,5	2

Leguminosen wie Rotklee tragen zur natürlichen Bodenverbesserung bei, ein Anteil von 10 bis 20% gilt daher auf der Weide als günstig

Er hat die FWZ 8. Da er andere Pflanze verdrängen kann, sollte er auf einer Weide nicht überhandnehmen. Weißklee ist sehr trittfest und wächst gut nach. Was er nicht verträgt ist Trockenheit oder Beschattung beispielsweise durch Obergräser. Die anderen Kleearten, Wicken oder Wiesenplatterbse fressen Pferde nur ungern oder gar nicht. Die Gefahr, dass sie dadurch relevante Giftmengen aufnehmen, ist gering. Die FWZ 7 für Rotklee stimmt für Pferde nicht, sie sind auch hier deutlich wählerischer als Rinder.

Kräuter

Die Kräuter auf dem Grünland können wertvoll sein. Angesichts der eingeschränkten Artenvielfalt auf den Flächen werden hier nur einige häufig vorkommende Kandidaten genannt: Löwenzahn, Breit- und Spitzwegerich, Schafgarbe und Ackerkratzdistel. Löwenzahn gilt dann als Unkraut auf Grünland, wenn er 15% Anteil überschreitet, da er hartnäckig ist und durch seine Blattrosette andere Pflanzen verdrängt. Gleichzeitig schützt eine gute Bedeckung mit Untergräsern vor zu starker Ausbreitung des Löwenzahns, da seine Samen dann den Boden nicht erreichen. Löwenzahn hat entgiftende Eigenschaften, um die es ab Seite 118 gehen soll. Der gewöhnliche Löwenzahn zeigt nährstoffreiche Böden an. Seine FWZ ist 5. Breit- und Spitzwegerich wird die FWZ 6 zugeordnet. Das stimmt allerdings nur für Rinder, von Pferden werden die Pflanzen nur sehr eingeschränkt aufgenommen. Die schleimlösende Wirkung von Spitzwegerich ist bei akuten Atemwegserkrankungen interessant. Schafgarbe enthält Bitterstoffe, die die Verdauung

Johanniskraut wird von den Pferden in aller Regel gemieden

anregen. Pferde nehmen Schafgarbe kaum auf, es sei denn, sie benötigen genau diese Wirkung. Die FWZ 5 trifft also nur für Rinder zu. Die jungen Triebe der Ackerkratzdistel sowie die Blüten und Samen fressen die meisten Pferde gerne. Den Rest der Pflanze allerdings finden sie dann doch zu stachelig. Die FWZ ist daher 0. Die Samen der Ackerkratzdistel haben entgiftende Wirkung, mehr dazu ab Seite 118. Daneben sind Unkräuter wie Ampfer oder Ochsenzunge auf einige Grünflächen ein Problem. Sie werden von Pferden nicht gefressen und bei stark beweideten oder überweideten Flächen breiten sie sich aus.

Bei den Kräutern muss man auch immer an Giftpflanzen denken. Jakobskreuzkraut, Johanniskraut, Hahnenfuß und Sumpfschwertlilie wurden ab Seite 14 schon beim Heu besprochen. Die frischen Pflanzen werden in aller Regel gemieden, wenn den Pferden genügend genießbares Futter zur Verfügung steht. Die Herbstzeitlose, die in manchen Regionen eine zunehmende Rolle spielt, ist auf der Weide und im Heu gefährlich. Beim Thema Giftpflanzen lohnt auch immer ein Blick auf Gehölze, die auf den Flächen oder am erreichbaren Rand stehen. Besonders zu beachten ist die Robinie, weil gerade ihre Rinde für Pferde sehr schmackhaft und stark giftig ist. Sie ist in dieser Kombination von lecker und toxisch sehr tückisch. Eine umfassende Betrachtung der Giftpflanzen ist ein eigenes Buch wert.

Weidepflege

Pferde sind recht reinliche Fresser. Direkt um die Äppelhaufen herum meiden sie die Pflanzen, es entstehen sogenannte Geilstellen an den bevorzugten Mistecken der Weiden. Gerade bei kleineren Flächen ist das regelmäßige Abäppeln also eine Maßnahme zur deutlich verbesserten Nutzung des Weidelands. Wird mindestens alle zwei Tage der Mist entfernt, wird auch die Kontrolle der Darmparasiten wesentlich verbessert. Den lästigen Würmern wird ab Seite 84 ein eigenes Kapitel gewidmet. Ein Überweiden der Flächen führt zur Zerstörung vieler Pflanzen und verschafft Unkräutern durch Freilegen der Flächen besseren Zutritt. Wechselnde Nutzung verschiedener Weiden, die den Pflanzen mehrwöchige Erholungsphasen gönnt, ist daher sinnvoll. Je nach Bodenqualität sollten mindestens 0,5 Hektar Grünland, also 5.000 Quadratmeter, pro Pferd zur Beweidung zur Verfügung stehen. Soll auch Heu gemacht werden, gilt 1 Hektar = 10.000 Quadratmeter pro Pferd als Mindestgröße.

Sollen sich die Kräuter, die die Pferde nicht fressen, nicht ungehemmt ausbreiten, müssen sie kontrolliert werden. Auf kleinen Flächen bietet sich das Ausstechen von Jakobskreuzkraut, Ochsenzunge, Ampfer und & Co an. Soweit sie schon blühen oder geblüht haben, sollten die Pflanzen danach nicht auf dem Misthaufen, sondern in der Biotonne entsorgt werden. Die Samen des Ampfers beispielsweise überstehen auch die Heißrotte eines Misthaufens. Auf großen Flächen ist es realistischer, direkt nach dem Beweiden zu mulchen, um den Selektionsvorteil der nicht gefressenen Pflanzen einzudämmen. Mulchen ist zudem eine sanfte Form der Düngung. Das giftige Jakobskreuzkraut sollte allerdings auch auf großen Flächen vor der Blüte ausgestochen werden. Zur Weidepflege gehört eine gezielte Düngung auf Basis von Bodenanalysen ebenso dazu wie das Kalken der Flächen, um eine Übersäuerung zu verhindern. Gerade durch das Kalken lassen sich auch manche Unkräuter wie Hahnenfuß zurückdrängen.

AUF EINEN BLICK

- » Die Pflanzen des Grünlands setzen sich aus Gräsern, Leguminosen und Kräutern zusammen
- » Der Anteil der Gräser liegt idealerweise zwischen 50 und 70 %
- » Die Gräser haben überwiegend eine sehr hohe Futterwertzahl nach Klapp von 7 oder 8
- » Auch spezielle Pferdesaaten enthalten manche Gräser mit hoher Futterwertzahl
- » Die Wuchshöhe erlaubt das grobe Abschätzen des Futterwerts der Weidefläche
- » Leguminosen verbessern den Boden, ein Anteil von 10 bis 20 % ist günstig
- » Weißklee ist die Leguminose auf der Weide mit hohem Futterwert für Pferde, solange er nicht überhandnimmt
- » Kräuter können nützlich oder giftig sein
- » Löwenzahn und die Samen der Ackerkratzdistel wirken entgiftend
- » Schafgarbe regt die Verdauung an
- » Spitzwegerich ist schleimlösend bei Atemwegserkrankungen
- » Jakobskreuzkraut muss vor der Blüte ausgestochen werden
- » Abäppeln vergrößert die nutzbare Fläche und dient der Parasitenkontrolle
- » Überweidung muss zum Schutz der Pflanzen vermieden werden
- » Kalken und Düngen sollten nach Bodenwertanalyse erfolgen

Der Verdauungstrakt des Pferdes

Futter muss aufgenommen und verarbeitet werden. Die Nährstoffe, Mineralstoffe und Vitamine müssen den Blutkreislauf erreichen. Das passiert im Verdauungstrakt und der hat beim Pferd einige Besonderheiten.

Das Pferdemaul

Zunächst einmal fallen die kräftigen Lippen der Pferde auf, die sich zum Sortieren von Medikamentenpulver aus Hafer ebenso eignen wie zum Kraulen der Pferdefreunde oder zum Aufnehmen langer Halme. Die Pferdezunge hat in erster Linie die Aufgabe, Futter zwischen die Zähne zu schieben und dann alles zum Abschlucken nach hinten zu befördern. Sie kann aber auch Wurmkuren wieder nach draußen rutschen lassen.

Im Pferdemaul sind die Zähne am wichtigsten für die Ernährung. Wie Menschen oder Hunde haben auch Pferde ein Milchgebiss. Bei diesen Milchzähnen fehlen die drei hinteren Backenzähne und oft sind Milchzähne auch insgesamt nicht so gut geeignet für die Zerkleinerung sehr faserreicher Nahrung. Deshalb ist Luzerne für dieses Milchgebiss nur als Grünmehl zu verarbeiten, die Fasern des Luzerneheus sind zu hart. Die Milchzähne werden bis zum Alter von viereinhalb Jahren durchgewechselt. Gerade um das Alter von drei Jahren herum werden ganz viele ersetzt. In diesen Phasen kann es immer wieder zu vorübergehenden Störungen in der Futteraufnahme kommen. Bei Gewichtsverlust im entsprechenden Alter sollte zuerst auf Milchzahnkappen geprüft werden. Dann sitzt der Milchzahn auf dem nachfolgenden Zahn auf und fällt nicht aus, was zu Problemen beim Kauen führt.

Im bleibenden Gebiss haben die Pferde je Kieferhälfte drei Schneidezähne, drei vordere Backenzähne und drei hintere Backenzähne. Hengste beziehungsweise Wallache und manche Stuten haben je Kieferhälfte einen Eckzahn, der auch Hengstzahn heißt.Hengstzähne und Wolfszähne sind nicht das gleiche. Ein Wolfszahn ist ein vierter vorderer Backenzahn, der vor den anderen Backenzähnen sitzt und meist nicht richtig verwurzelt ist. Wolfszähne treten vorwiegend im Oberkiefer auf und stören, wenn ein Pferd mit Gebiss geritten oder gefahren werden soll und werden dann in der Regel entfernt.

Die kräftigen Pferdelippen
sind sehr beweglich

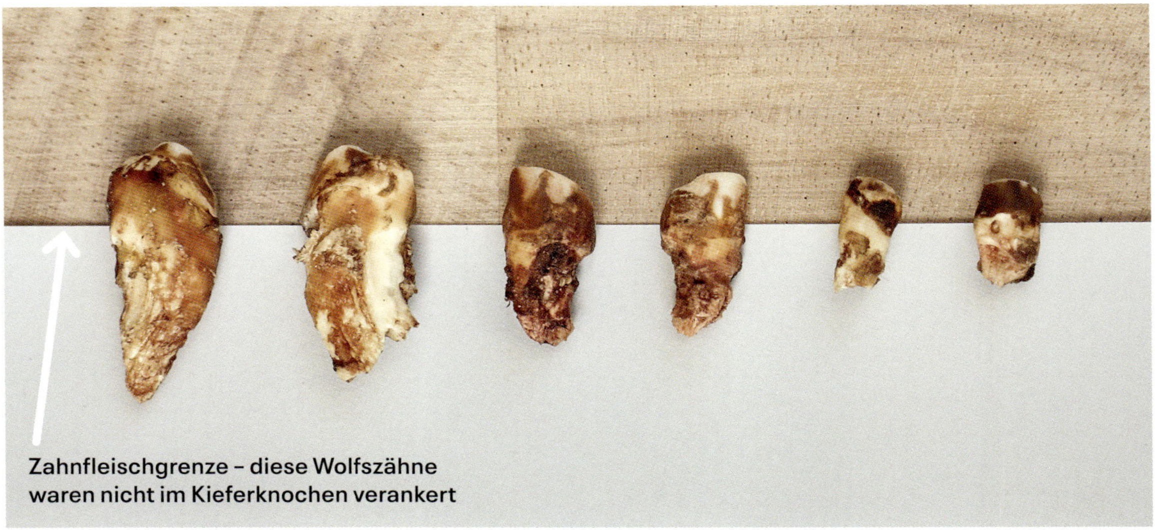
Zahnfleischgrenze – diese Wolfszähne
waren nicht im Kieferknochen verankert

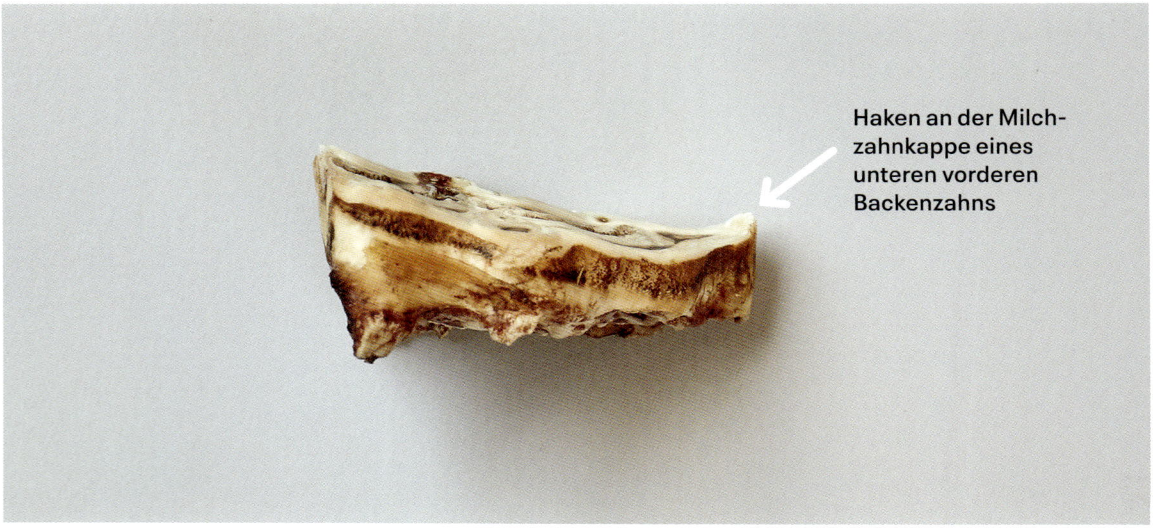
Haken an der Milch-
zahnkappe eines
unteren vorderen
Backenzahns

Spitzen an der Wangenseite der
Milchzahnkappe eines oberen
vorderen Backenzahns

Für die Futteraufnahme spielen sie keine Rolle, das haben sie mit den Hengstzähnen gemeinsam.

Mit den Schneidezähnen rupfen Pferde die Pflanzen auf der Weide sehr bodennah ab. Werden die Schneidezähne bei EOTRH entfernt, hat das also vor allem Konsequenzen für Weidenutzung, die ab Seite 148 besprochen werden. Die Backzähne sind für die Zerkleinerung der pflanzlichen Nahrung mit einer rauen Oberfläche ausgestattet. Ein Pferd kaut, indem es den Unterkiefer mal nach links und mal nach rechts seitlich gegen den Oberkiefer verschiebt. Dabei zerreiben die Backenzähne das Futter wie Mahlsteine und nutzen sich ab.

Schneide- und Backenzähne schieben im Laufe des Lebens aus dem Kiefer nach, um diese Abnutzung auszugleichen. Im fortgeschrittenen Alter, meist deutlich über 20 Jahre, ist dann das Ende der Zähne erreicht. Sind sie noch vorhanden, sind die Backenzähne oft glatt geschmirgelt, in einige Fällen fehlen sie auch. Alte Pferde haben daher oft Kauprobleme und brauchen zerkleinertes Futter, wie es ab Seite 122 besprochen wird.

Die Abnutzung der Zähne erfolgt meist auch nicht gleichmäßig, was Pferde aller Altersstufen Probleme machen kann. Das Gebiss eines Pferdes muss daher regelmäßig auf Haken und Spitzen überprüft werden. Haken entstehen am vordersten unteren und am letzten oberen Backenzahn. Das liegt daran, dass meist die untere Zahnreihe etwas weiter vorne steht als die obere. Als Spitzen bezeichnet man die teilweise extrem scharfkantigen Zahnveränderungen Richtung Wange

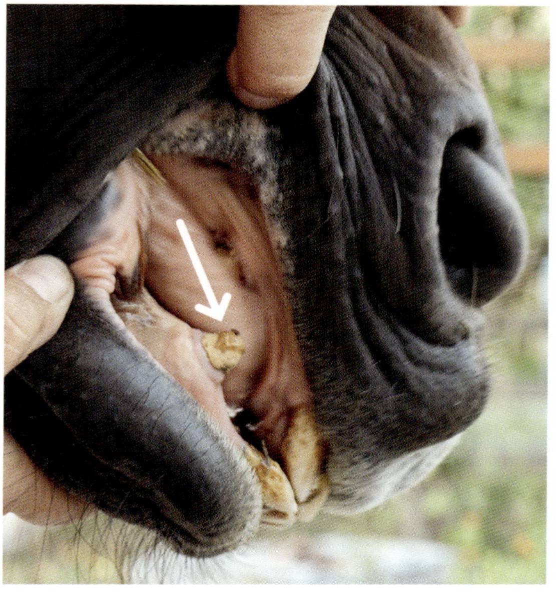

Wallache, Hengste und einige Stuten haben Hengstzähne

und Zunge. Da der Oberkiefer breiter ist als der Unterkiefer, entstehen diese Spitzen Richtung Zunge am Unterkiefer und Richtung Wange am Oberkiefer.

Hat das Pferd bereits offensichtliche Kauprobleme, produziert es beim Heufressen beispielsweise sogenannte Wickel, frisst es schlecht und magert ab, sollte immer eine Dentistin oder ein Tierarzt hinzugezogen werden. **Eine Kontrolle der Zähne durch Fachleute muss bei dünnen Pferden immer erfolgen.**

Einige Punkte lassen sich auch so sehen und tasten und helfen bei eigener Überprüfung auf Handlungsbedarf. Dazu muss man wissen, worauf man achten muss. Haken am vordersten unteren Backenzahn kann man erspähen, auch wenn die Maulspalte eines

Pferde zermahlen das Heu durch seitliche Bewegungen des Unterkiefers

Pferdes recht kurz ist. Eine Stirnlampe ist da sehr hilfreich. Manchmal kann man die Spitzen am Oberkiefer schon durch die Wange hindurch fühlen, sie lassen sich bei vorsichtigem Vorgehen auch im Maul noch relativ leicht tasten, ohne dass man mit den Fingern zwischen die Zähne gerät. Allerdings besteht durchaus Verletzungsgefahr an den scharfen Kanten der Spitzen selbst. Im Zweifel sollte man immer Fachleute befragen. Es geht schon damit los, dass mithilfe eines Maulgatters eine viel gründlichere Untersuchung der Zähne möglich ist.

Neben der Zerkleinerung erfolgt im Maul auch das Einspeicheln des Futters. Je länger gekaut wird, desto besser klappt das, denn der Speichelfluss wird durch das Kauen veranlasst. Gesunde Pferde sabbern nicht mit leerem Maul. Pferdespeichel enthält keine Verdauungsenzyme. Trockenes Brot wird daher bei Pferden beim Kauen nicht süß wie bei uns Menschen, wo die Stärke hier bereits teilweise zu Zucker abgebaut wird.

Besonderheiten des Pferdemagens

Auf dem Weg vom Maul in den Magen passiert der Futterbrei die Speiseröhre. Hier kann es zu der schon erwähnten Schlundverstopfung kommen, wenn das Futter nicht ausreichend befeuchtet ist oder womöglich auf dem Weg noch quillt. Unzerkaute feste Teilchen wie kullernde Möhrenstückchen oder kleine Äpfel bleiben dann spätestens am Mageneingang stecken, der beim Pferd fest verschlossen ist und sich nur periodisch öffnet. Möhrenstückchen und kleine Äpfel können zu groß sein, um hier durch zu passen. Tierärztliche Hilfe ist dann dringend notwendig. Dieser Mageneingang ist der Grund, warum Pferde nicht erbrechen können. Alles, was aus Maul oder Nase retour kommt, stammt aus der Speiseröhre, nicht aus dem Magen. Kommt es bei einer Kolik zum Rückstau aus dem Gedärm, kann der Magen sich nicht zum Maul hin entlasten und reißt bei Überladung. Das ist tödlich und muss unbedingt verhindert werden, daher ist eine Kolik immer ein tiermedizinischer Notfall!

Der Pferdemagen hat einige Besonderheiten
- fest verschlossener Eingang, Erbrechen unmöglich
- relativ klein

- kaum dehnbar
- im Brustkorb gelegen
- zweigeteilt
  - vorderer Teil neutral mit Magenflora
  - hinterer Teil nicht so sauer wie beim Fleischfresser

Relativ klein heißt, der Magen eines Großpferdes hat ein Volumen von 12 bis 15 L, der eines Kleinpferdes oft sogar nur 8 L. Zum Vergleich, der menschliche Magen hat bei mäßiger Füllung ein Volumen von durchschnittlich 1,5 L, kann aber auf 2 L oder mehr gedehnt werden. Klein, kaum dehnbar. Das bedeutet, dass der Pferdemagen nicht für einzelne Mahlzeiten, sondern für einen möglichst kontinuierlichen Zufuhr von Futter gebaut ist. Aus dieser mangelnden Dehnbarkeit und dem kleinen Fassungsvermögen ergibt sich die schon genannte Volumengrenze für einzelne Mahlzeiten von 0,5 L pro 100 kg.

Dieser relativ kleine Magen ist auch noch in der Funktion zweigeteilt. Sprich, nur die Hälfte des Volumens steht für die jeweilige Verdauungsaufgabe zur Verfügung. Der vordere Teil des Pferdemagens leistet schon etwas Futterverarbeitung durch Mikroorganismen. Die Magenschleimhaut in diesem Bereich ist nicht vor Säure geschützt, denn hier ist der Nahrungsbrei noch neutral. Dies wird auch durch den Speichel, der mit dem Futterbrei hierher gelangt, zusätzlich abgepuffert. Hier gehört also Säure nicht hin. Wie sie dort dennoch entstehen und dann Schaden anrichten kann, dazu mehr beim Thema Magenerkrankungen ab Seite 152. Im hinteren Magenteil kommt dann die Magensäure hinzu und der Futterbrei wird sukzessive immer saurer. Hier ist die Magenschleimhaut vor Säure geschützt. Insgesamt ist der Pferdemagen nicht annähernd so sauer wie der des Menschen oder gar des Hundes, der bis zu 100mal saurer ist. Die Desinfektionsleistung der Säure ist entsprechend geringer beim Pferd und normalerweise ist das auch nicht so nötig, denn pflanzliches Futter enthält nicht solch gefährliche Keime wie tierisches. Der hintere Teil des Magens produziert neben der Säure auch ein Enzym zur Verdauung von Proteinen, das in diesem sauren Umfeld gut arbeiten kann.

Da der Magen im Brustkorb liegt, ist er für Untersuchung von außen kaum zugänglich.

Die Funktionen des Magens kann man so zusammenfassen:

- Im vorderen neutralen Teil wird das Futter durch Mikroorganismen vorverdaut.
- Im hinteren sauren Teil wird das Futter desinfiziert.
- Im hinteren sauren Teil werden Proteine abgebaut.

Funktionen des Dünndarms

Weiter geht die Reise des Futterbreis, der nun den Dünndarm erreicht.
Im Dünndarm

- wird die Säure neutralisiert
- werden Stärke, Proteine und Fette mithilfe der Enzyme aus der Bauchspeicheldrüse verdaut
- dienen die Gallensäuren als Emulgator für Fette
- werden Abbauprodukte der Stärke-, Protein- und Fettverdauung ins Blut aufgenommen

Auch hier gibt es eine wichtige Besonderheit anzumerken Pferde haben keine Gallenblase. Die in der Leber produzierten Gallensäuren werden also nicht wie beim Menschen gesammelt und bei Bedarf abgegeben. Sie erreichen vielmehr kontinuierlich den Dünndarm. Deshalb muss ein Pferd wie auf Seite 79 beschrieben schrittweise an eine Ölfütterung gewöhnt werden. Denn ohne die emulgierende Wirkung der Gallensäuren, die die Fette mit dem wässrigen Futterbrei verbinden, können die Verdauungsenzyme die Fette nicht abbauen.

Die Bauchspeicheldrüse schüttet Verdauungsenzyme in den Dünndarm aus und neutralisiert mit ihrem Sekret auch den sauren Futterbrei, der aus dem Magen kommt. So weit, so normal für ein Säugetier. Speziell schwach allerdings ist das Verdauungsenzym für Stärke, die Amylase der Pferde. Hier zeigt sich, dass die Pferdeverdauung nicht dafür gedacht ist, größere Mengen leicht verdaulicher Kohlenhydrate zu verarbeiten, die dann womöglich auch noch in größeren Schüben aus einzelnen Mahlzeiten hier ankommen. Aus dieser schlappen Amylase ergibt sich die begrenzte Verdauungskapazität für Stärke von 500 g pro 100 kg Lebendmasse pro Tag. Amylase baut Stärke zu Zuckermolekülen ab, die hier im Dünndarm aufgenommen werden. So wird der Blutzucker direkt erhöht. Abbauprodukte der Proteine und Fette werden ebenfalls in diesem Darmabschnitt ins Blut aufgenommen. Deshalb ist der Dünndarm eines Pferdes auch ziemlich lang. Er kann eine Länge bis zu 30 m erreichen. Damit sich der Dünndarm nicht verlagert, sollte er konstant gefüllt sein, denn die Füllung stabilisiert.

Die Verdauungsgeräusche des Dünndarms hört man recht gut auf der linken Bauchseite des Pferdes. Es lohnt sich, das eigene Pferd im gesunden Zustand ab und zu dort zu belauschen. Dann kann man im Falle einer Kolik gut unterscheiden, ob die Geräusche im Dünndarm normal, verstärkt oder verringert sind.

Bedeutung des Blinddarms

Weiter geht es mit dem Dickdarm, zu dem Blinddarm, Grimmdarm und Mastdarm gehören. Da er von zentraler Bedeutung für die Pferdeernährung ist, bekommt der Blinddarm eine eigene Überschrift. Hier findet der wichtigste Teil der Energiegewinnung statt, der mikrobielle Abbau der strukturellen Kohlenhydrate von Cellulose über Hemicellulosen bis Pektin. Im Blinddarm also wird Heu, werden Rübenschnitzel so umgesetzt, dass das Pferd sie nutzen kann. Die Endprodukte dieses Prozesses sind kleine Kohlenwasserstoffe, sie werden hier ins Blut auch aufgenommen. Auf diesem Weg erhöht die Verdauung der strukturellen Kohlenhydrate den Blutzucker nicht direkt. Daneben ist der Blinddarm eine solide Heizungsanlage. Mit der Blinddarmverdauung unterscheiden sich Pferde von Menschen oder auch von Wiederkäuern ganz wesentlich und ähneln eher Kaninchen Der hier ankommende Futterbrei ist flüssig und wird zwei- bis dreimal pro Minute vom Dünndarm in den Blinddarm eingespritzt. Dieses plätschernde Einspritzgeräusch kann man gut hören, wenn man ein Ohr an die rechte Hungergrube des Pferdes legt.

Dort also liegt der Eingang und auch der Ausgang des Blinddarms, denn er ist eine Sackgasse. Von der rechten Hungergrube

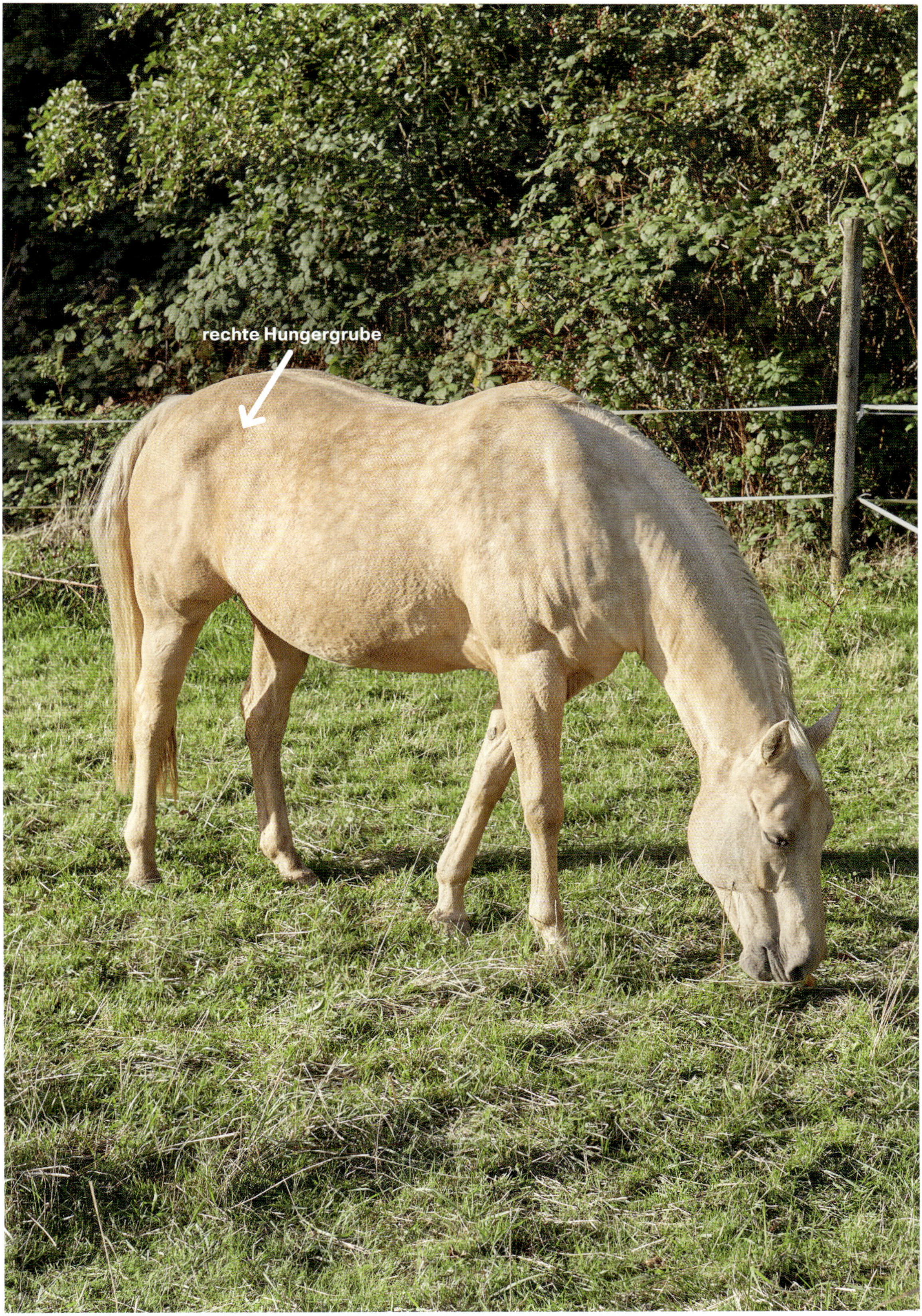
rechte Hungergrube

12 Haufen pro Pferd und Tag sind normal

erstreckt er sich nach vorne links unten bis kurz vor die Brustbeinspitze. Beim Großpferd ist er rund einen Meter lang. Der Blinddarm hat ein Volumen von 30 bis 68 L. Der Futterbrei bleibt hier lange, bei korrekter Heufütterung sind das 15 bis 20 Stunden. Die Blinddarmflora ist für ein Pferd überlebenswichtig. Ohne diese Mikroorganismen stirbt es. Auf sie soll im Kapitel zu Kotwasser und Durchfall bis KPU ab Seite 156 nochmals genauer eingegangen werden.

Die Mikroorganismen des Magens und des Dickdarms müssen sich an eine veränderte Fütterung immer wieder neu anpassen. Die jeweiligen Spezialisten müssen sich erst vermehren, bevor die neue Fütterung gut verarbeitet werden kann. Das gilt insbesondere für den Blinddarm. Hier liegt der Grund, warum Pferde möglichst eintönig ernährt werden sollten. Jede Abwechslung ist eine Herausforderung für die Darmflora. Auch Hungerphasen können die gut eingespielte Gemeinschaft durcheinanderbringen.

Gute Pferdefütterung ist konstant und langweilig und lässt Fresspausen von höchstens 4 Stunden zu.

Mit den Fresspausen in der Nacht ist das so eine Sache. Verhindern lassen sie sich durch Heufütterung *ad libitum* oder Futterautomaten. Bei normaler Boxenhaltung entsteht nachts fast immer eine längere Futterpause, je nachdem wie spät abends und früh morgens wieder jemand Heu nachlegt. Das ist immer ein Kompromiss, denn Pferde fressen phasenweise auch nachts, wenn sie das können.

Ein anderes Problem für den Blinddarm ist das Thema Sand. Der Darminhalt ist hier flüssig, der Blinddarm ist eine nach unten zeigende Sackgasse. Das führt dazu, dass Sand sich an der Blinddarmspitze absetzt. Bei größeren Mengen kann dies zu Koliken führen. Erde im Heu, extrem kurz gefressene Weiden, längere Hungerzeiten auf Sandpaddocks, das sind häufige Ursachen dieses Problems. Es lässt sich recht einfach überprüfen, da natürlich auch immer etwas Sand weiter transportiert wird. Den findet man, indem man einen Äppelhaufen in Wasser auflöst. Setzt sich Sand am Boden des Eimers ab, ist dies ein Alarmsignal. Dann sind zwei Dinge zu tun. Die Ursache muss gefunden und abgestellt werden. Und der Sand muss raus. Dazu füttert man eingeweichte Flohsamenschalen. Die sind von sich aus nicht sehr lecker, eher neutral, haben kaum eigenen Nährwert. Kann man die eingeweichten Flohsamenschalen nicht mit Kraftfutter unterjubeln, dann bietet sich das Einweichen in einer Flüssigkeit an, die attraktiver ist als Wasser. Je nach Vorliebe kann dies zum Beispiel Möhrensaft oder Bananensaft oder Apfelsaft sein. Für die zuckerempfindlichen Pferde kann man am besten mit Wasser eingeweichte Heucobs als Träger verwenden. Eine typische Menge ist ist die Gabe von 50 g Flohsamenschalen in einem Liter Wasser oder Saft. Allerdings ist die Flüssigkeitsmenge je nach Produkt etwas unterschiedlich und man sollte die Herstellerangaben beachten.

Problemzone Grimmdarm

Im Grimmdarm geht die Verdauung durch Mikroorganismen noch weiter. Gleichzeitig wird hier der Futterbrei langsam eingedickt und viele wasserlösliche Komponenten werden dabei aufgenommen. Weil in diesem Darmabschnitt viel Flüssigkeit aus dem Futterbrei entzogen werden muss, damit das Pferd äppelt und nicht Kuhfladen produziert, ist der Grimmdarm von der Natur verlängert worden. Er ist insgesamt 5 bis 8 m lang. Der erste Abschnitt, das Große Kolon, ist der Teil des Pferdedarms mit dem größten Volumen. Es beträgt beim Großpferd rund 80 L. Das Große Kolon ist vergleichsweise schlecht fixiert im Bauchraum. Ähnlich wie der Dünndarm sollte dieser Darmabschnitt durch konstante Füllung in seiner Lage stabilisiert werden. Am Ende dieses Großen Kolons befindet sich eine Engstelle. Sie liegt in Höhe des Zwerchfells, also im Brustkorb. Ist der Futterbrei zu trocken oder sind zu viele unverdauliche Fasern beispielsweise aus Stroh vorhanden, dann kann es besonders hier zu Anschoppungen mit anschließender Verstopfung kommen. Der Rückstau mit Aufgasungen des Großen Kolons kann dann zu gefürchteten Darmverlagerungen führen, denn dieser Darmabschnitt ist insgesamt im Bauchraum sehr beweglich.

Im Mastdarm werden dann die typischen Pferdeäppel geformt, der Kot wird gesammelt und schubweise ausgeschieden. Ein gesund gefüttertes Pferd äppelt etwa alle zwei Stunden, sprich es macht mindestens 12 Haufen pro Tag. Je mehr Futter, desto mehr Haufen. Das zeigt sich insbesondere bei Heufütterung *ad libitum*. Ist es kalt, fressen die Pferde mehr und dann äppeln sie auch mehr.

AUF EINEN BLICK

- Der Verdauungstrakt des Pferdes hat viele Besonderheiten.
- Er ist aus folgenden Gründen auf kontinuierliche Zufuhr von Futter ausgelegt
- Der zweigeteilte Magen ist relativ klein
- Der Magen ist kaum dehnbar
- Gallensäuren werden aus der Leber kontinuierlich abgegeben, eine Gallenblase fehlt
- Der lange Dünndarm und Teile des Dickdarms müssen durch konstante Füllung in ihrer Lage stabilisiert werden
- Die Fütterung mit stärkehaltigen Getreiden kann die schwache Aktivität des Verdauungsenzyms im Dünndarm überfordern, die Tagesmenge für Stärke ist daher begrenzt
- Keine Abwechslung, denn die hauptsächliche Verdauungsleistung zur Ernährung des Pferdes erbringt die Darmflora im Blinddarm, die sich an neues Futter immer erst anpassen muss
- Ein Pferd wird in erster Linie durch die Mikroorganismen im Blinddarm und Grimmdarm gesund ernährt
- Ohne die Darmflora kann ein Pferd nicht überleben
- Engstellen im Dickdarm erfordern einen ausreichend flüssigen und gut verarbeiteten Nahrungsbrei

Parasiten in Magen und Darm

Sie sind Mitesser und können Magen und Darm schädigen. Sie spielen daher für die Pferdeernährung eine oft unterschätzte Rolle.

Für das erwachsene Pferd sind unter normalen Bedingungen vor allem Magendasseln, Kleine Strongyliden, Bandwürmer und Pfriemenschwänze relevant. Die Entwurmung von Zuchtstuten, Fohlen und Jungpferden muss unbedingt nach tierärztlichen Vorgaben erfolgen, weshalb das Thema ebenso außen vor bleibt wie Leberegel, die gezielt nachgewiesen und tiermedizinisch behandelt werden müssen. Allzu oft wird die Rolle der Parasiten bei Mangelernährung unterschätzt. Sie können dem Futterbrei Nährstoffe entziehen, und sie können die Schleimhäute von Magen und Darm schädigen, wodurch die Nähstoffaufnahme stark beeinträchtigt wird. Im schlimmsten Fall kann das Pferd durch Parasitenbefall sterben.

Magendasseln

Dasselfliegen sind gelb-grau, behaart und mittelgroß. Die hauptsächliche Flugzeit liegt in den Monaten Juli und August. Die Dasselfliegen leben nur wenige Tage, saugen kein Blut und leben nur, um massenweise gelbe Eier am Pferd abzulegen. Bevorzugt erfolgt dies an den Vorderbeinen. Manchmal legen sie auch Eier an Grashalme, weshalb selbst das wirklich sorgfältige Absammeln der Eier den Befall nicht komplett verhindern kann. Aus den Eiern schlüpfen bei Kontakt mit dem Pferdespeichel die Larven die sich dann zunächst in der Zunge aufhalten. Später werden sie abgeschluckt und verbringen eine längere Zeit im Magen, wo sie sich vor allem im Übergangsbereich zwischen neutralem und saurem Teil von Blut ernähren. Die damit verbundene Schädigung der Magenschleimhaut kann zu erheblichen Defiziten in der Ernährung führen. Ein starker Befall kann zudem die Passage des Futterbreis behindern. Die Larve durchläuft dabei mehrere Stadien und wird schließlich als Larve 3 mit dem Kot ausgeschieden. Sie verpuppt sich dort, es schlüpft die Fliege. Nach entsprechender Wurmkur können manchmal abgestorbene Dasselfliegenlarven im Kot beobachtet werden. Ansonsten lässt sich der Befall im Kot nicht überprüfen. Die gelben Eier an den Pferdebeinen allerdings sind kaum zu übersehen.

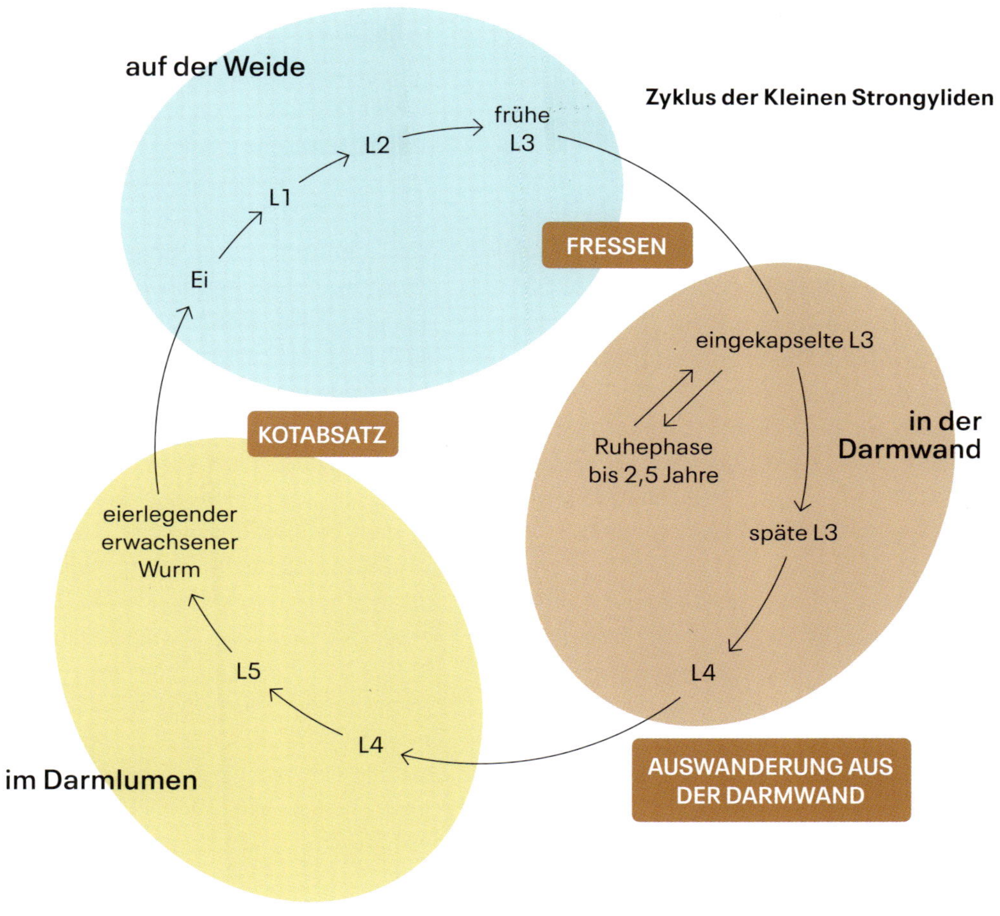

den Eiern tödlich, die Äppel nach der Wurmkur sind also nicht mehr infektiös.

Alle diese Stadien schädigen die Darmwand insbesondere im Blinddarm und im vorderen Abschnitt des Grimmdarms, dem Großen Kolon. Sie ernähren sich von der Schleimhaut und können zu solch erheblichen Schäden führen, dass das Pferd daran stirbt. Einige Pferde entwickeln eine gute Immunität gegen Kleine Strongyliden ab dem Alter von 6 Jahren. Sie scheiden dann keine Eier mehr aus. In welchem Stadium dieser Immunschutz greift, ist allerdings unklar. Ob also Larvenstadien, die die Darmwand schädigen, aber keine Eier legen, munter ihr schädliches Treiben fortsetzen, ist unbekannt.

Bekämpfung der Kleinen Strongyliden

Weidepflege

Hier liegt eine gute Chance, um den Parasitendruck zu reduzieren. Wer die Äppelhaufen mindestens alle zwei Tage von der Weide entfernt, nimmt auch große Mengen an Wurmeiern mit. Allerdings klappt das auch nicht zu 100 %. Jeder Krümel kann tausende Eier enthalten. Eine geeignete Entwurmungsstrategie ersetzt das Abäppeln also nicht.

Große Weideflächen mit gutem Bewuchs ermöglichen es den Pferden, Geilstellen beim Fressen zu meiden. Auch das hilft, die Vermehrung der Würmer zu dämpfen. Regelmäßig wechselnde Weideflächen sind ebenso ein geeigneter Weg. Eine weitere unchemische Art, den Parasitendruck zu reduzieren, ist das Zwischenweiden der Flächen durch Rinder. Sie nehmen die Pferdeparasiten schadlos auf, die Kleinen Strongyliden können sich im Rind nicht vermehren. Das ist der Grund, warum die großen Gestüte früher vor Aufkommen der chemischen Wurmkuren immer auch Rinderherden hatten.

Strategische Entwurmung

Das traditionelle Vorgehen, um diese Parasiten in Schach zu halten, sind regelmäßige Wurmkuren für den gesamten Bestand gleichzeitig. Regelmäßig bedeutet dabei je nach Betrieb zwei- bis viermal jährlich. Dabei werden auch Pferde mit den Wurmkuren belastet, die eventuell eine schützende Immunität besitzen. Eine vollständige Kontrolle des Befalls gelingt so keinesfalls, denn bereits vier Wochen nach der Wurmkur können wieder Eier der Kleinen Strongyliden im Kot enthalten sein. Damit setzt sich die Vermehrung fort, auch wenn alle drei Monate entwurmt wird. Und dann sind da ja noch die eingekapselten Larven in der Darmwand, die keine Wurmkur vollständig beseitigt.

Selektive Entwurmung

Dieses modernere Vorgehen geht von der Kontrolle der Pferdeäppel auf Wurmeier aus. Scheidet ein Pferd keine oder sehr wenige Eier aus, wird es nicht entwurmt. Dies hat zur Folge, dass ein Pferd nicht unnötig durch Wurmkuren belastet wird und dass eine geringere Zahl von Parasiten dem Druck durch die Wurmkuren ausgesetzt wird. Durch diesen reduzierten Selektionsdruck wird das Risiko der Resistenzbildung gesenkt.

Problematisch daran sind einige Faktoren. Da ist zunächst die Zuverlässigkeit der Kotanalyse an sich. Wie fast alles im Labor haben auch hier die Verfahren eine Nachweisgrenze, geringe Mengen gelten also oft als negativ, obwohl der Gehalt an Wurmeiern nicht null ist. Dann kann die Stichprobe den falschen Teil des Pferdeappel erwischt haben, in dem zufällig nur wenige Eier waren. Zudem legen die meisten Entwicklungsstadien der Kleinen Strongyliden keine Eier, fressen aber trotzdem die Darmschleimhaut. Und schließlich dauert es teilweise nur vier Wochen, um zu vollständig anderen Nachweismengen zu kommen. Kontrollen, die seltener als alle vier Wochen erfolgen, ergeben demnach ein allenfalls sehr lückenhaftes Bild der Situation.

Kräuter gegen Würmer

Das Abtöten von Parasiten gelingt nur mit sehr giftigen Kräutern, die ein Pferd mehr belasten als jede chemische Wurmkur und die deshalb auch nicht frei verkäuflich sind. Bei einem nennenswerten Parasitenbefall führt also an der Chemie kein Weg vorbei.Es gibt Hinweise darauf, dass das Füttern mancher Kräuter die Aufnahme und damit den Befall mit Würmern reduziert. Kräuter können eine sinnvolle Entwurmungsstrategie also eventuell ergänzen.

Wurmfreie Haltung

Frisst ein Pferd nie dort, wo der Mist hinfällt, wird es im Laufe von 2,5 Jahren wurmfrei werden. Diese Haltungen gibt es durchaus. Es handelt sich um gut gepflegte Sandpaddocks ohne Stroheinstreu, mit Heuraufe, ohne Weidezugang. Viele Hufrehepferde werden so gehalten. Auch kleine Gruppen, bei denen aufgrund von Immunität keines der Pferde Eier ausscheidet, können wurmfrei werden, sogar mit Weidezugang. Allerdings ist zu bedenken, dass die Larven auf der Weide mobil sind und sich für Zäune nicht interessieren. Steht also jenseits des Zauns eine andere Herde, dann ist das keine sichere Sache mehr.

Ansonsten sind die Kleinen Strongyliden ständige Begleiter der Pferde. Ob dies wirklich so akzeptabel ist, wie es hingenommen wird, ist durchaus zu hinterfragen, denn die natürliche nomadische Lebensweise des Pferdes würde einem derartigen Befall deutlich entgegenwirken.

Bandwürmer

Diese Parasiten galten lange Zeit als eher unproblematisch. Sie schädigen die Darmwand nicht, da sie sich nur anheften. Sie sind auch nur wenige Zentimeter lang. Allerdings sitzen sie gerne am Übergang von Dünndarm zu Blinddarm und Kolon und können in größerer Zahl hier den Weiterfluss des Futterbreis so behindern, dass es zu Koliken kommt.

Wie jeder ordentliche Bandwurm haben auch die Bandwürmer des Pferdes einen Lebenszyklus mit Wirtswechsel. Sie leben in einem Zwischenstadium in Moosmilben auf der Weide und können so auch über rund zwei Jahre ohne Pferde überdauern. Diese Moosmilben leben nicht nur auf Moos, sondern auch auf Gräsern und sogar im Heu. Sie nehmen die Bandwurmeier aus dem Kot auf. Die Milben werden dann ihrerseits vom Pferd mit dem Futter aufgenommen.

Problematisch ist bei diesen Würmern der Nachweis der Eier im Kot, da diese nur schubweise abgehen. Daher gilt: Findet man einmal in einem Pferdeapfel Bandwurmeier, dann ist davon auszugehen, dass der gesamte Bestand Bandwürmer hat und diesen dauerhaft ausgesetzt ist.

Bekämpfung der Bandwürmer

Gibt es einen einzigen Nachweis, wird der gesamte Bestand mindestens einmal im Jahr mit einer speziell gegen Bandwürmer wirksamen Chemikalie behandelt, die in kombinierten Wurmkuren enthalten ist. Es bietet sich an, diese Bekämpfung mit der Behandlung gegen Dasselfliegen zu verbinden. In diesem Fall ist der Kot nach der Wurmkur hoch infektiös, er enthält massenhaft Bandwurmeier. Idealerweise sind die Pferde zu dieser Zeit also aufgestallt, was das Entfernen der Haufen erleichtert.

Weidehygiene ähnlich wie bei den Kleinen Strongyliden hilft auch, den Druck durch Bandwürmer zu reduzieren. Wurmfreie Haltungen sind ohne Weidezugang möglich. Es gibt auch zufällig wurmfreie Bestände. Jedoch sind hier natürlich ebenfalls Herden von Nachbarställen ein zu beachtender Faktor, denn die Moosmilben sind mobil und ignorieren Weidezäune.

Pfriemenschwänze

Viele erwachsene Pferde sind immun gegen Pfriemenschwänze. Oft fällt der Befall durch

Das Abäppeln der Weide reduziert den Parasitendruck durch Kleine Strongyliden und Bandwürmer

heftiges Schweifscheuern auf, das das Herabrieseln der Eier verstärkt. Bei geringem Befall entdeckt man manchmal auch nur durch gezielte Kontrolle die Eier am After. Zeigt ein Pferd im Bestand Symptome, sollte man daher alle Pferde checken. Die Eier der Pfriemenschwänze sind also nicht im Kot, sie fallen vom After herunter. Auch diese Eier enthalten schon die Larve 3, die beim Fressen aufgenommen wird. Im Darm des Pferdes entwickelt sich die Larve 4, die sich an der Darmschleimhaut anheftet und sich dort sowohl von der Darmschleimhaut als auch von Blut ernährt. Die Würmer heften sich immer wieder erneut an und lassen sich Stück für Stück gen Ausgang tragen. Kurz vor Ende paaren sie sich, die männlichen Würmer sterben danach. Die weiblichen wandern zum After, legen dort mehrere tausend Eier in Ei-Schnüren ab und sterben dann ebenfalls. Der Nachweis von Eiern der Pfriemenschwänze erfolgt nicht durch Kotprobe sondern durch Afterabklatsch, bei dem man mithilfe eines Klebefilms die Ei-Schnüre abhebt. Dieser Klebefilm dient dann dem Labornachweis.

Bekämpfung der Pfriemenschwänze

Das Herabrieseln macht eine Bekämpfung durch hygienische Maßnahmen weitgehend unmöglich, solange die Pferde Futter vom Boden aufnehmen. Hier hilft nur die gezielte Bekämpfung durch engmaschig wiederholte Wurmkuren nach tierärztlicher Vorgabe. So können diese Würmer vollständig eliminiert werden. Angesichts der natürlichen Immunität vieler erwachsener Pferde sind zahlreiche Bestände frei von Pfriemenschwänzen.

AUF EINEN BLICK

- Parasitenbefall kann zu Mangelernährung, schweren Koliken und bei starkem Befall zum Tod des Pferdes führen
- Die Eier der Magendasseln sollten sorgfältig abgesammelt werden, um den Magen vor starkem Befall zu schützen
- Die Wurmkur gegen Dasselfliegen wird Ende Oktober/Anfang November gegeben, sie muss unabhängig von Kotproben immer erfolgen, wenn Dasseleier beobachtet wurden
- Der Parasitendruck durch Kleine Strongyliden und Bandwürmer lässt sich reduzieren durch
  - Abäppeln der Weiden
  - große Weideflächen mit gutem Bewuchs
  - regelmäßigen Wechsel der Weideflächen
  - Zwischenweiden durch Rinder
- Kräuter taugen nicht zur Entwurmung, können aber eventuell die Aufnahme reduzieren
- Es gibt zwei verschiedene Vorgehensweisen zur Bekämpfung der Kleinen Strongyliden
  - strategische Entwurmung durch zwei bis 4 Wurmkuren pro Jahr
  - selektive Entwurmung nach Kotprobe
- Die Entwurmung gegen Bandwürmer erfolgt bei einem einzigen Nachweis mindestens einmal jährlich und bestandsweit
- Der Befall durch Pfriemenschwänze zeigt sich oft in Schweifscheuern
- Eier der Pfriemenschwänze werden durch Afterabklatsch nachgewiesen
- Pfriemenschwänze werden durch gezielte Wurmkuren eliminiert

Zusammengefasstes Wissen

- Gutes Pferdeheu ist die Basis gesunder Pferdefütterung.
- Hafer ist von Natur aus glutenfrei und unbehandelt für Pferde bereits gut verdaulich.
- Getreide wie Hafer, Gerste, Mais und Reis haben durch ihren Stärkegehalt eine hohe Energiedichte. Ihre Verdauung erhöht direkt den Blutzucker.
- Leguminosen wie Luzerne, Esparsette, Soja und Klee sind gute Proteinlieferanten.
- Müslis können gut passen oder schädlich sein, es kommt auf die Bestandteile und das Pferd an.
- Äpfel und Möhren enthalten viel Zucker und sind daher nur als kleines Leckerli geeignet.
- Trockenes Brot enthält Gluten und wird im Pferdemaul nicht süß, es ist als Belohnung nicht sinnvoll.
- Kommerzielle Leckerlis können gesund, unsinnig oder sogar schädlich sein, je nach Zusammensetzung.
- Verschiedene Öle können richtig eingesetzt beim Fellwechsel unterstützen, das Immunsystem regulieren oder als Ernährung dienen.

- Die Wahl des Mineralfutters ist abhängig von vielen Faktoren, vor allem vom Alter und der Nutzung des Pferdes, vom Futterplan und von regionalen Einflüssen.

- Mineralstoffe haben Wechselwirkungen, einzelne Mineralien zusätzlich zu füttern, kann ungewollte Effekte haben.

- Es muss immer ein Salzleckstein zur Verfügung stehen.

- Es muss immer sauberes Wasser zugänglich sein, Brunnenwasser muss auf seine Eignung analysiert werden.

- Solange sie reichlich frisches Grünfutter aufnehmen, sind Pferde mit Vitaminen umfassend versorgt. Ansonsten müssen die Vitamine A und E ergänzt werden.

- Die Verdauung des Pferdes ist von der Natur auf eine möglichst kontinuierliche, Futteraufnahme ausgelegt. Fresspausen über vier Stunden sollten vermieden werden.

- Kraftfuttermahlzeiten dürfen die Volumengrenze des Magens und die begrenzte Kapazität für Stärkeverdauung im Dünndarm nicht überschreiten.

- Die gesündeste Energiegewinnung für Pferde ist die Verdauung von Heu und Grünfutter mit Hilfe der Mikroorganismen im Blinddarm.

- Die Darmflora muss sich an jede Veränderung des Futters anpassen. Gute Pferdefütterung ist langweilig, ohne jede Abwechslung.

Praxisteil

Beurteilung des Futterzustandes, Bedarf an Energie und Eiweiß für Freizeit-, Sport- und Zuchtpferde, Pferdeernährung bei einigen Erkrankungen

Body Score: Objektive Beurteilung des Futterzustandes eines Pferds

Ist ein Pferd wirklich zu dick oder zu dünn? Dafür gibt es einige objektive Kriterien.

Die Vorstellungen darüber, welche Figur ein Pferd haben soll, gehen etwas auseinander. Natürlich sieht ein Vollblüter oft schlanker aus als ein Kaltblut. Aber ist der Kaltblüter wirklich zu dick? Neben der rassetypischen Veranlagung spielt auch die Art der Nutzung und der Trainingszustand eine Rolle für den Eindruck, ob ein Pferd eher schlank oder übergewichtig ist. Wie jeder gute Marathonläufer ist auch ein Distanzpferd drahtig, Dressurpferde sind Kraftsportler mit großer Muskelmasse. All das bleibt außen vor, wenn man wissen will, ob ein Pferd zu dick oder zu dünn ist. Hier geht es um den Körperfettanteil, um die typischen Fettpolster, die auf Übergewicht hindeuten. Gleichzeitig braucht auch ein Pferd einen gewissen Anteil an Körperfett und bei deutlich zu knapper Nahrung geht auch die Muskelmasse zurück. Das alles zeigt sich an einigen Körperstellen äußerlich gut erkennbar. Daraus wurden zwei gängige Body Scores entwickelt. Es gibt den neunstufigen Body Score nach Hennecke und den sechsstufigen Body Score nach Carroll und Huntington. Die Scores ähneln sich im Grundsatz, der Hennecke Score ist etwas detaillierter. Für die Zwecke einer generellen Entscheidung über den Futterplan, also soll es Diätkost sein oder muss das Pferd gepäppelt werden, ist der sechsstufige Score nach Carroll und Huntington sehr praktikabel.

Beurteilt werden folgende Körperregionen:

- Hals
- Rückenmittellinie
- Rippen
- Hüfthöcker
- Kruppe
- Schweifansatz

Beim Hals interessiert der Fettkamm, ein bisschen Fett gehört dort hin, aber eben nicht zu viel. Ein gut ausgebildeter sportlicher Hals wirkt insgesamt runder, auch ohne dass dort zu viel Fett ist. Man muss also wirklich gezielt auf das Fett am Mähnenkamm achten.

Nur ein Fohlenbauch oder auch zu dick? Dafür gibt es einige objektive Kriterien

Bei der Rückenmittellinie geht es um die Dornfortsätze der Wirbelsäule, die mehr oder minder eingebettet sein können. Das kann von Rasse zu Rasse etwas unterschiedlich ausfallen. Mancher Warmblüter ist einfach insgesamt sehr knochig. Hier spielt auch die Qualität der Rückenmuskulatur mit hinein, die vom Training abhängt und von anderen äußeren Einflüssen wie der Sattelpassform. Rippen kann man sehen, tasten oder gar nicht mehr finden. An dieser Stelle hat die Muskulatur am wenigsten Einfluss. Da kann einem eher mal das Winterfell einen optischen Streich spielen. Im Zweifel also sollte man hier immer nachfühlen. Die Hüfthöcker können so herausragen, dass man eine Jacke dranhängen könnte oder komplett im Gewebe verschwunden sein. Die Kruppe ist spitz, harmonisch oder hat eine tiefe Mittelrinne, wobei eine gespaltene Kruppe für manche schwere Rassen typisch ist, ohne dass eine erhebliche Verfettung vorliegt. Das ist der Moment, wo man den Blick auf die anderen Körperregionen richten sollte, um den Zustand besser einzuordnen. Am Hinterteil zeigt sich natürlich auch wieder deutlich, wie viel Kraft die Pferde regelmäßig aufwenden. Ein fleißiges Kutschpferd hat einen runden Hintern, es sei denn, es wäre massiv mangelernährt. Der Schweifansatz wiederum spricht eine deutliche Sprache mit kleinen oder großen Fettpölsterchen, die ohne weitere Ausreden auf einen zu hohen Fettanteil hinweisen. Bei dünnen bis mageren Pferden ist er nicht eingebettet durch fehlendes Fett und reduzierte Muskelmasse.

Body Score Übersicht	Body Score 0 ausgezehrt	Body Score 1 mager	Body Score 2 schlank
HALS	extrem dünn, Halswirbelsäule sichtbar	dünn	schlank
RÜCKEN	Dornfortsätze stehen hervor	Dornfortsätze erkennbar	Dornfortsätze verstrichen
RIPPEN	deutlich sichtbar	gut erkennbar	noch sichtbar
HÜFT-HÖCKER	deutlich herausragend	sichtbar	noch sichtbar
KRUPPE	extrem eingefallen	eingefallen	fast abgerundet
SCHWEIF-ANSATZ	mit tiefen Gruben	mit flachen Gruben	kleine seitliche Gruben

Pferde mit **Body Score 0 oder 1** sollten immer einem Tierarzt vorgestellt werden. Sie sind entweder schwer krank oder stark unterernährt. Eine Erkrankung muss diagnostiziert und behandelt werden. Nur allein mit mehr Futter den Zustand ändern zu wollen, wird dem Pferd nicht gerecht und führt auch meistens zu nichts. Unterernährte Pferde müssen behutsam aufgepäppelt werden. Der Futterplan muss unbedingt durch eine fachkundige Person erstellt werden. Dafür kann man sich an die behandelnde Tierärztin oder ein Ernährungsberater oder eine Tierheilpraktikerin wenden. Diese Fachleute wissen, wie man vorgeht, um schwere Leberschäden durch zu schnelle Gewichtszunahme zu verhindern.

Bei **Body Score 2** sind die ersten Fragen: Bekommt das Pferd ausreichend Heu? Ist es gesund? Sind die Zähne in gutem Zustand? Entspricht die Arbeitsanforderung dem Leistungsvermögen? Erst wenn diese Fragen uneingeschränkt mit Ja beantwortet werden können, sollte man über Kraftfutter nachdenken. Der Gesundheitscheck ist für Pferdehalter oft schwer durchzuführen. Dabei fehlt nicht nur die umfassende Qualifikation, es fehlt vor allem auch der emotionale Abstand zum eigenen Pferd. Es lohnt sich also, in diesen Fällen fachkundige Dritte zur Hilfe zu holen.

Der **Body Score 3** tritt in zwei Ausführungen auf, nämlich mit viel oder wenig Muskulatur. Soll Muskulatur aufgebaut werden, ergeben sich einige erhöhte Anforderungen an die Versorgung, die beim Leistungsbedarf ab Seite 104 besprochen werden. Einen kritischen Blick kann man vielleicht nochmal auf die Zusammensetzung der Fütterung werfen. Hat das Heu den zentralen Stellenwert,

Body Score 3 optimal	Body Score 4 dick	Body Score 5 fett
gute Oberlinie, höchstens minimale Fetteinlagerung	schmaler, fester Kamm	deutlicher, breiter Kamm
Dornfortsätze verstrichen	leichte Rinne	tiefe Rinne im breiten Rücken
nicht sichtbar, leicht tastbar	mit Nachdruck tastbar	nicht tastbar
nicht sichtbar, leicht tastbar	mit Nachdruck tastbar	nicht tastbar
abgerundet	rund, eventuell leichte Rinne	gespaltene Kruppe
ohne Gruben oder Höcker	kleine Fettpolster	deutliche Fettpolster

der ihm zukommt? Passt das Mineralfutter gut? Ansonsten kann man hier nur sagen: Gut gemacht, weiter so!

Der **Body Score 4** ist Alarmstufe Gelb. Das Pferd hat ein hohes Risiko, eine Insulinresistenz zu entwickeln. Dann ist auf dem Weg in das Equine Metabolische Syndrom (EMS). Dieses EMS erfordert ein Vorgehen auf mehreren Ebenen, betrifft den Futterplan ebenso wie den Trainingsplan, und ist daher ein eigenes Kapitel wert ab Seite 128.

Body Score 5 ist dann Alarmstufe Rot für EMS. Für den Abspeckplan sollte unbedingt fachkundige Hilfe geholt werden. Einerseits besteht dringender Handlungsbedarf wegen der erheblichen Gesundheitsgefahren, andererseits darf der Gewichtsverlust nicht zu schnell erfolgen, da auch das ungesund sein kann.

AUF EINEN BLICK

» Der Body Score nach Carroll und Huntington ermöglicht die Beurteilung des Futterzustandes nach sechs klaren Kriterien
  - **Body Score 0 und 1:** Magere und dünne Pferde gehören in tierheilkundliche Betreuung
  - **Body Score 2:** Alles fängt beim Heu an, reicht die Menge? Gesundheitscheck (Zähne!) und Überprüfung des Trainingsplans gehören ebenfalls dazu.
  - **Body Score 3:** Heumenge und Mineralfutter überprüfen, ansonsten weiter so!
  - **Body Score 4:** Alarmstufe Gelb für EMS, Futterplan und Trainingsplan überarbeiten
  - **Body Score 5:** Alarmstufe Rot für EMS, tierheilkundliche Begleitung erforderlich

Erhaltungsbedarf – Energie und die positive Stickstoffbilanz

Lebensfunktionen brauchen Energie und Eiweiß und das lässt sich berechnen.

Lebensprozesse benötigen Energie. Umfangreiche wissenschaftliche Arbeiten haben sich damit befasst, wie viel Energie ein Pferd benötigt, um seine körperlichen Grundfunktionen aufrecht zu erhalten, die Körpertemperatur zu stabilisieren und sich zur Futteraufnahme fortzubewegen. Es ist also der Bedarf, den ein Weidepferd benötigt, solange es weder massiv friert oder schwitzt und auch sonst keinerlei besonderen Anforderungen ausgesetzt ist.

Die Wissenschaft definiert den Temperaturbereich für den Erhaltungsbedarf zwischen minus 15 und plus 25 Grad Celsius. Allerdings weiß jeder, der *ad libitum* Heu füttert, dass Pferde bei kalten Temperaturen mehr fressen. Der Bereich scheint daher etwas weit gewählt. Der Erhaltungsbedarf trifft besser zu auf die Wohlfühltemperatur, die für Pferde zwischen 5 und 15 Grad Celsius liegt. Pferde mögen es gern etwas kühler als Menschen. Man muss also nicht unbedingt ein Pferd eindecken, bloß weil man selbst eine Jacke benötigt.

Verdauliche Energie DE

Die verdauliche Energie umfasst alles im Futter, das der Pferdekörper zur Energiegewinnung nutzen kann. Das wären bei Heu also vor allem Cellulose, Stärke, Zucker, Proteine und Öle.

Berechnet wird der Erhaltungsbedarf in Megajoule (MJ) verdauliche Energie DE bezogen auf die Lebendmasse LM mit dieser Formel:

DE = 0,6 MJ pro kg $LM^{0,75}$

Diese Formel ist nur etwas für mathematisch Hochbegabte. Normalsterbliche verwenden eine handliche Tabelle. Hinter dem Rechenwert $LM^{0,75}$ verbirgt sich die sogenannte metabolische Lebendmasse. Die bildet ab, dass energie-intensive Gewebe wie das Herz nicht linear mit der Körpermasse zunehmen.

Und weil der Wert DE dann immer noch nicht viel sagt, wenn man auf der Stallgasse steht und füttern soll, soll er hier in das Basisfutter Heu umgerechnet werden. Heu

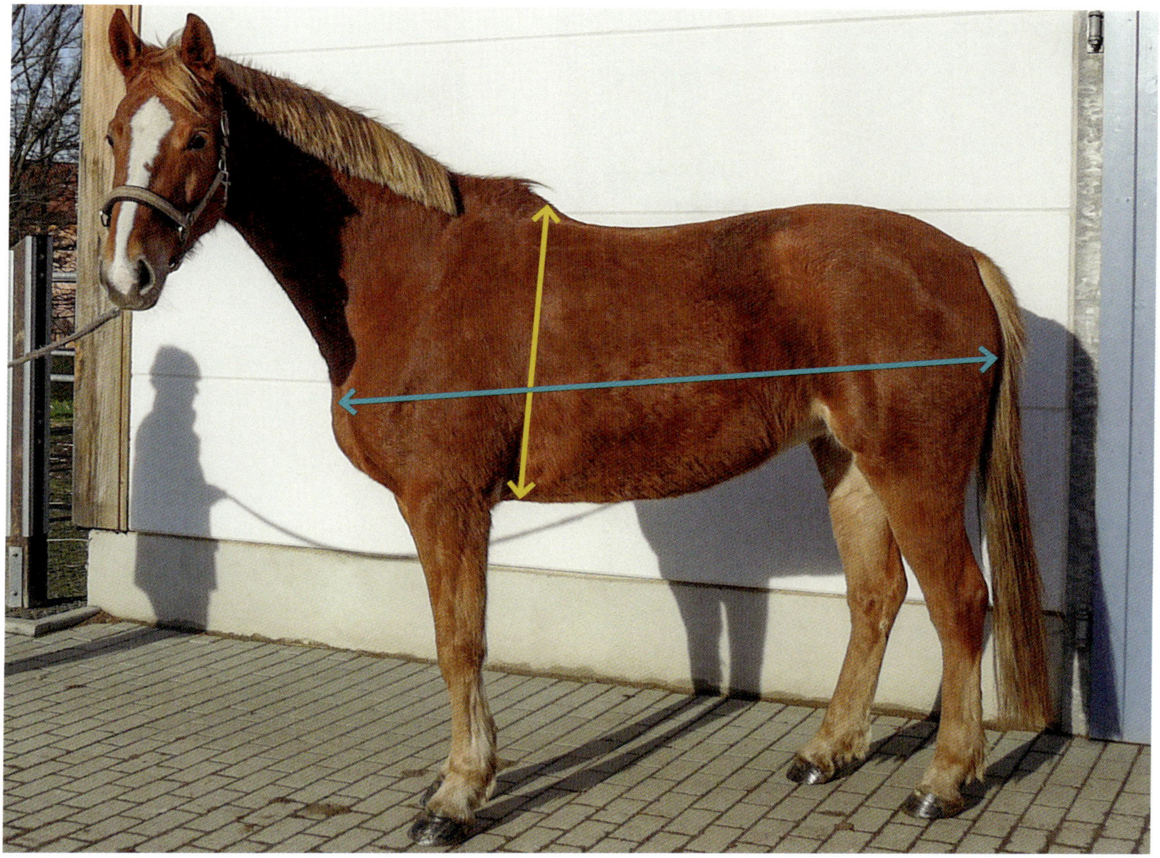

Mit den Maßen Brustumfang und Körperlänge kann man mithilfe der Formel von Seite 103 abschätzen, wie viel ein Pferd wiegt.

enthält durchschnittlich eine verdauliche Energie von 6 Megajoule pro Kilogramm.

Man sieht, dass die Kleinen bezogen auf ihr Körpergewicht mehr Heu für den Erhaltungsbedarf benötigen als die ganz Großen. Daraus ergibt sich eine Diskrepanz zur Faustformel von 2 kg Heu pro 100 kg Lebendmasse. Ein Pony mit nur 100 kg braucht 3,1 kg Heu als Erhaltungsbedarf und nicht nur 2 kg. Bei einem Großpferd von 600 kg haut die Faustformel hin, es braucht 12 kg Heu. Das Kaltblut von 800 kg dagegen bekäme Pi mal Daumen 16 kg, genauer errechnet sind es 15 kg. Das ist der Erhaltungsbedarf, also die Menge für essen, trinken, langsam gehen. Dann hatte das Pferd noch keinerlei Anforderungen. Keine Unruhe in der Herde, kein besonders schlechtes Wetter, keinerlei Training. Was man als Leistungsanforderung betrachten muss, dazu mehr ab Seite 104.

An dieser Stelle soll festgehalten werden, dass die errechnete Heumenge für den Erhaltungsbedarf das absolute Minimum ist, das ein gesundes Pferd bekommen sollte. Die traditionellen 5 bis 6 kg Heu täglich für ein Großpferd, die immer noch in vielen Köpfen herumgeistern, sind definitiv deutlich zu wenig. Aus dem bisher besprochenen Wissen ist klar, dass der Erhaltungsbedarf im Sinne eine gesunden Fütterung mit Heu oder auch frischem Gras gedeckt werden muss, solange ein Pferd gesunde Zähne und

Verdauliche Energie DE

Körpergewicht	metabolische Lebendmasse LM0,75	Erhaltungsbedarf verdauliche Energie DE	Heumenge pro Tag
100 kg	31,6 kg	19 MJ	3,1 kg
200 kg	53,2 kg	31,9 MJ	5,3 kg
300 kg	72,1 kg	43,3 MJ	7,2 kg
400 kg	89,4 kg	53,6 MJ	8,9 kg
500 kg	106 kg	63,6 MJ	11 kg
600 kg	121 kg	72,6 MJ	12 kg
700 kg	136 kg	81,6 MJ	14 kg
800 kg	150 kg	90 MJ	15 kg

genügend Zeit zum fressen hat. Fehlende Heufütterung durch Kraftfutter zu ersetzen, ist ungesund und nicht pferdegerecht.

Die positive Stickstoffbilanz

Zur Erinnerung *Die Ernährung von Säugetieren basiert vor allem auf der Verwertung von Kohlenhydraten, Fetten und Eiweißen. Diese Moleküle bestehen alle aus den Elementen Kohlenstoff, Wasserstoff und Sauerstoff. Eiweiße enthalten zusätzlich das Element Stickstoff.*

Das Element Stickstoff erreicht den Stoffwechsel des Pferdes vor allem in Form von Eiweiß. Das Eiweiß wird in seine Aminosäuren zerlegt. Diese werden dann nach dem Bauplan der Gene zu neuen Proteinen zusammengesetzt. Es geht beim Stickstoff also um die Menge an Rohprotein, die ein Pferd bekommen muss, um daraus dann die eigenen Eiweiße zu basteln. Man spricht von einer positiven Stickstoffbilanz, weil das Futter immer mehr verdauliches Rohprotein liefern soll, als das Pferd benötigt. Der Überschuss an Stickstoff wird über die Niere ausgeschieden. Bis zum Zweifachen der benötigten Menge funktioniert das bei gesunden Nieren auch über längere Zeit unproblematisch. Bei eingeschränkter Nierenfunktion muss da deutlich genauer hingeschaut werden. Das ist dann definitiv ein Thema für eine tiermedizinische Betreuung.

Für die Berechnung der benötigten Menge des verdaulichen Rohproteins vRp greift man wieder auf die metabolische Lebendmasse zurück. Die Formel lautet
vRp = 3 g pro kg LM0,75

Je nach der Zusammensetzung aus unterschiedlichen Pflanzen enthält Heu 44 bis 54 g vRp pro kg. Die Tabelle stellt den Erhaltungsbedarf an vRp der Menge an vRp gegenüber, die bereits in der ermittelten Heuration enthalten ist, die man zur Deckung des Energiebedarfs füttern muss.

Verdauliches Rohprotein vRp

Körpergewicht	Erhaltungsbedarf vRp	vRp enthalten in Heumenge pro Tag
100 kg	95 g	136 bis 167 g
200 kg	160 g	233 bis 286 g
300 kg	216 g	317 bis 389 g
400 kg	268 g	392 bis 481 g
500 kg	318 g	484 bis 594 g
600 kg	363 g	528 bis 648 g
700 kg	408 g	616 bis 756 g
800 kg	450 g	660 bis 810 g

Mit den Heumengen, die den Erhaltungsbedarf an verdaulicher Energie decken, schlägt man also zwei Fliegen mit einer Klappe. Die Pferde erhalten dadurch auch die richtige Menge an Protein für den Erhaltungsbedarf. Sie bleiben in der positiven Stickstoffbilanz, überschreiten aber nicht die zweifache Menge des Bedarfs, was die Nieren schont.

Lebendmasse schätzen

Idealerweise stellt man das Pferd auf eine Waage und weiß Bescheid. Hat man also die Gelegenheit, eine mobile Pferdewaage zu nutzen, sollte man sie ergreifen. Es gibt auch eine Möglichkeit, mithilfe eines Maßbands einen Schätzwert zu ermitteln.

Dazu misst man den Brustumfang sowie die Körperlänge von Bugspitze bis Sitzbeinhöcker jeweils in Zentimetern. Nach folgender Formel ergibt sich das Körpergewicht in Kilogramm:

$$\frac{(\text{Brustumfang})^2 \times \text{Körperlänge}}{11877}$$

Die Formel ist ungeeignet für Pferde mit Body Score 0, 1 oder 5 sowie für tragende Stuten. das Gewicht der dünnen Pferde wird überschätzt, das Gewicht der Pferde mit deutlichem Bauch wird unterschätzt. Für Pferde mit Body Score 2, 3 oder 4 gibt die Formel einen guten Anhaltspunkt.

AUF EINEN BLICK

» Der Erhaltungsbedarf beschreibt die Menge Futter, die ein Pferd benötigt, um ohne besondere Leistungsanforderungen gut zu leben

» Der Erhaltungsbedarf an verdaulicher Energie muss mit Heu gedeckt werden, solange das Pferd gute Zähne hat und genügend Zeit, um die Heumenge zu fressen

» Der Erhaltungsbedarf an verdaulicher Energie wird durch die Faustformel 2 kg Heu pro 100 kg Lebendmasse in guter Annäherung abgebildet

» Heu deckt in dieser Menge auch den Bedarf an verdaulichem Rohprotein gut ab

Muskelaufbau und erhöhter Bedarf beim Sportpferd

Jede Form von Training lässt den Bedarf über den Erhaltungsbedarf hinausgehen.

In diesem Kapitel geht es um den Leistungsbedarf bei Muskelarbeit. Was aber leisten die Pferde eigentlich? Leichte, mittlere oder schwere Arbeit? Es geht nicht danach, wie anstrengend die Reiterin das Trainingsprogramm vielleicht findet. Pferde sind enorm effizient, sie können ihre teilweise durchaus beachtliche Körpermasse mit erstaunlich wenig Energieverbrauch in Bewegung setzen. Es kommt bei der Einschätzung des Energieverbrauchs eines Freizeitpferdes zunächst auf die Gangart an und in welchem Tempo sie geritten wird. Dabei meinen die Angaben in der Tabelle jeweils ein langsames, mittleres und schnelles Tempo. Korrekt durchgeführte versammelte Tempi oder Verstärkungen brauchen mehr Energie, Dressur ist ein Kraftsport für Pferde. Auch hohe Zugleistungen von Holzrückepferden oder Kutschpferden vor einem Kremser sind mit dieser Tabelle nicht gemeint. Zu beachten ist, dass für diese Berechnungen das Gesamtgewicht zugrunde gelegt wird, also Pferd mit Reiter, soweit er draufsitzt und nicht nebenher läuft.

Galopp verbraucht unabhängig vom Tempo mehr Energie als Trab.

Zur Erinnerung *Heu enthält 6 MJ DE*

Was heißt das nun im Einzelfall?

Beispiel 1

Ein Kleinpferd von 500 kg LM mit einem Reiter von 70 kg macht einen bummeligen Schrittausritt von 10 km. Nimmt man 120 kJ, multipliziert den Wert mit 5,7 für das Gesamtgewicht und mit 10 für die Strecke, dann sind das 6.840 kJ bzw. 6,8 MJ. Das ist die Energie von einem guten Kilogramm Heu. Kraftfutter braucht dieses Pferd nicht.

Beispiel 2

Der Reiter hat abends noch eine Verabredung, muss also schneller wieder zurück sein. Gleiches Pferd, gleiche Strecke, aber diese wird schneller zurückgelegt. 4 km flotten Schritt zum Aufwärmen, 4 km Trab im Arbeitstempo, 1 km Galopp ebenfalls im Arbeitstempo und dann nochmal 1 km ruhigen Schritt am Schluss. Die verbrauchte

Die Muskelkraft der Hinterhand ist in vielen Sportarten gefordert

Energie errechnet sich dann so:
4 km Schritt: 5,7 mal 180 mal 4 = 4.104 kJ
4 km Trab: 5,7 mal 270 mal 4 = 6.156 kJ
1 km Galopp: 5,7 mal 500 = 2.850 kJ
1 km Schritt: 5,7 mal 120 = 684 kJ
Macht zusammen 13.794 kJ beziehungsweise 13,8 MJ, also 2,3 kg Heu. Dieses Pferd braucht immer noch kein Kraftfutter, die zusätzlich verbrauchte Energie lässt sich problemlos durch Heu oder durch Gras auf der Weide abdecken.

Beispiel 3

Eine jugendliche Reiterin (40 kg) übt mit ihrem Warmblut mit 560 kg LM für die nächste A-Dressur auf einem Dressurviereck von 20 × 40 m. Da die Ecken etwas abgerundet werden, wird eine Runde im Viereck mit 100 m kalkuliert. Sie absolviert im heutigen Training jeweils aufaddiert 10 Runden im fleißigen Schritt, 33 Runden im Arbeitstrab, 2 Runden im Mitteltrab und 12 Runden im Arbeitsgalopp und 2 Runden im Mittelgalopp.
1 km Schritt:
6 mal 180 = 1.080 kJ
3,3 km Arbeitstrab:
6 mal 270 mal 3,3 = 5.346 kJ
0,2 km Mitteltrab:
6 mal 320 mal 0,2 = 384 kJ
1,2 km Arbeitsgalopp:
6 mal 500 mal 1,2 = 3.600 kJ
0,2 km Mittelgalopp:
6 mal 600 mal 0,2 = 720 kJ
Ergibt zusammen 11.130 kJ oder 11,1 MJ, also knapp 2 kg Heu. Auch dieses Pferd braucht kein Kraftfutter.

Ambitionierte Freizeitreiter belasten ihre Pferde also selten mal so sehr, dass sie als

Energieverbrauch

Grundgangart	Tempo	Verbrauch DE pro 100 kg LM+Reiter pro km
Schritt	ruhig	120 bis 180 kJ
	zügig	180 kJ
Trab	ruhig	230 kJ
	Arbeitstempo	270 kJ
	starkes Tempo	320 kJ
Galopp	ruhig	390 kJ
	Arbeitstempo	500 bis 600 kJ
	Renntempo	bis 4000 kJ

Sportlich aktive Pferde , wie hier mit der Autorin 1980, haben einen erhöhten Bedarf

Energiequelle mehr als Heu oder Weidegang benötigen. Die überwiegende Art der Nutzung kann als leichte Arbeit eingestuft werden. Daraus resultiert in der Regel lediglich der 1,2fache Erhaltungsbedarf an verdaulicher Energie. Der 1,2fache Bedarf übersetzt in Heu wäre beim Pferd von 600 kg LM dann 1,2 mal 12 kg = 14,4 kg. Das ist eine völlig realistische Heumenge, die für das Pferd leicht zu bewältigen ist. Der Zusatzbedarf durch leichte Arbeit ist mit Heu also problemlos zu decken. Alternativ tut es natürlich auch Weidegang, soweit der Bewuchs ausreicht. Und wer nicht lange herumrechnen will, der sieht es auch an der Figur des Pferdes, ob Heu und/oder Weide ausreichen. Ein Blick zurück in das Kapitel zum Body Score ab Seite 96 beantwortet die Frage nach einem Zusatzfutter oft schon ohne Taschenrechner.

Mittlere und schwere Arbeit erhöhen den Bedarf an verdaulicher Energie. Das kann vom 1,5fachen bis zum 2fachen des Erhaltungsbedarfs reichen. Mittlere Arbeit leisten beispielsweise viele Schulpferde oder auch Pferde auf Wanderritten oder Kutschpferde im Tourismus. Ein erhöhter Bedarf betrifft selbstverständlich auch Pferde im Leistungssport, egal in welcher Disziplin. Je nach Leistungsklasse liegt dies zwischen mittlerer und schwerer Arbeit. Auch Holzrückepferde

Futtermittel	DE pro kg bzw. Liter	vRp pro kg	Lysingehalt je kg
Heu	durchschnittlich 6 MJ	44 bis 54 g	2,3 bis 4,8 g
Hafer, ganz	11,5 MJ	85 g	5 g
Gerstenflocken	12,8 MJ	87 g	4 g
gepoppter Mais	13,6 MJ	64 g	2 bis 3 g
Luzerneheu	7,5 bis 8,6 MJ	98 bis 101 g	7 g
Pflanzenöl	durchschnittlich 36,1 MJ	0	0

Verdauliche Energie, Gehalt an verdaulichem Rohprotein und Lysin einiger Futtermittel. Bei Müslis werden diese Werte standardmäßig vom Hersteller angegeben.

leisten oft schwere Arbeit und benötigen daher bis zum 2fachen des Erhaltungsbedarfs an DE. Für mittlere und schwere Muskelarbeit ist in der Regel Kraftfutter ergänzend zu Heu notwendig. Das gilt insbesondere dann, wenn die Arbeit über mehrere Stunden pro Tag ausgeführt wird und entsprechend weniger Zeit zum Fressen bleibt. Genaue Berechnungen für mittlere und schwere Arbeit sind etwas komplizierter. Die Rationsgestaltung muss auch die Verdauungskapazität für Stärke und die Volumengrenzen des Magens berücksichtigen.

Zunächst hilft anstelle von Rechnerei wieder der kundige Blick auf die Statur, der Body Score muss passen. Trainierte Pferde haben wenige Fettpolster und kräftige Muskulatur. Die Figur wird dabei auch von der Art des Einsatzes bestimmt. Die Muskeln eines Distanzpferdes sind deutlich drahtiger als die eines Dressurpferdes. Dann sollte das Pferd so viel Heu wie möglich bekommen. Die Kraftfuttermenge orientiert sich dann am Body Score. Ein berechneter Futterplan hilft vor allem dann weiter, wenn der Muskelaufbau trotz fachgerechten Trainings nicht gelingt oder das Pferd zu dünn ist. Auch wenn ein Pferd trotz Muskelleistung fett bleibt, sollte die Fütterung überprüft werden.

Neben dem erhöhten Energiebedarf entsteht bei intensiver Arbeit auch ein erhöhter Bedarf an verdaulichem Rohprotein. Das ist unter anderem das Baumaterial für die wachsende Muskelmasse. Auch für vRp muss dann beim 1,2 bis 2fachen kalkuliert werden. Das erreicht man bei Futtermitteln wie Heu und Hafer ohne weiteres Nachdenken, denn wer mit solchen natürlichen Futtermitteln mehr verdauliche Energie zuführt, erhöht auch die Proteinmenge entsprechend.

Eine Rolle spielt außerdem die essentielle Aminosäure Lysin. Für den Muskelaufbau ist sie erforderlich. In den Futtermitteln Heu, Hafer und Luzerne sind nennenswerte Mengen an Lysin enthalten. Und selbstverständlich liefert nicht nur getrocknetes Gras Lysin, sondern auch Weidegras.

Mineralstoffe und Vitamine

Mittlere und schwere Arbeit führt auch zu einem erhöhten Bedarf an einigen Mineralstoffen. Das betrifft vor allem Kalium, Natrium und Chlor im Zusammenhang mit Schweißverlusten. Da Kalium im normalen Futter reichlich vorhanden ist, muss in der Regel nur Natrium und Chlor, sprich Kochsalz, ergänzt werden, so wie es bereits auf Seite 87 besprochen wurde. Der Bedarf an Calcium und Phosphor ist nur geringfügig erhöht, wichtiger ist die Beachtung des Ca : P-Verhältnisses, das zu der Art und Menge des Kraftfutters passen muss. Wird viel Kraftfutter gegeben, sollte das Ca : P-Verhältnis im Mineralfutter mindestens 3 : 1 betragen, gerne auch darüber. Die benötigte Menge an Magnesium ist eventuell minimal erhöht. Der Bedarf an Spurenelementen ist dagegen unverändert. Viele gute Mineralfutter decken also den Bedarf auf ausgewogene Weise ab.

Bei den Vitaminen betrifft der zusätzliche Bedarf bei Muskelarbeit ausschließlich Vitamin E. Leichte Arbeit hat hier keinen Einfluss, aber bei mittlerer und schwerer Arbeit steigt der Bedarf von 100 bis 200 mg pro 100 kg LM auf 400 mg pro 100 kg LM. Vitamin E als Radikalfänger hat eine wichtige schützende Funktion für stark arbeitende Muskeln. Vitamin E kann über Zugabe von Öl wie Rapsöl oder durch ein Mineralfutter ergänzt werden, das Vitamin E in sinnvollen Mengen enthält. Auch Hafer enthält Vitamin E und hilft daher, diese Versorgungslücke zu ergänzen.

AUF EINEN BLICK

- Die meisten Freizeitpferde leisten nur leichte Muskelarbeit, der 1,2fache Bedarf an Energie ist über Heu oder Weidegang gut abzudecken
- Mittlere und schwere Muskelarbeit erhöht den Bedarf an verdaulicher Energie auf bis zum 2fachen des Erhaltungsbedarfs
- Mittlere und schwere Muskelarbeit erfordert in der Regel die Zugabe von Kraftfutter
- Mittlere und schwere Muskelarbeit erhöht den Bedarf an verdaulichem Rohprotein auf das 1,2 bis 2fache
- Natürliche Futtermittel wie Heu, Hafer oder Luzerne haben einen ausgewogenen Gehalt an verdaulicher Energie, verdaulichem Rohprotein und Lysin
- Bei Müslis sind die Angaben des Herstellers zu verdaulicher Energie, verdaulichem Rohprotein und Lysin zu beachten
- Bei Schweißverlusten muss Kochsalz ergänzend zur Verfügung stehen
- Das Ca : P-Verhältnis des Mineralfutters muss mit eventuellem Kraftfutter abgeglichen werden
- Mittlere und schwere Muskelarbeit erhöht den Bedarf an Vitamin E auf 400 mg pro 100 kg LM

Erhöhter Bedarf beim Zuchtpferd und beim heranwachsenden Pferd

Fortpflanzung und Wachstum stellen erhöhte Ansprüche an die Fütterung von der Energiezufuhr über die Proteinversorgung bis zur Ergänzung von Mineralstoffen und Vitaminen.

Zunächst ist festzustellen, dass auch Zuchtpferde unterschiedlich sind und es keine Pauschallösung für alle gibt. Die eine säugende Stute braucht erhebliches Zusatzfutter für die Milchproduktion, die andere versorgt den eigenen Körper und das Fohlen scheinbar mühelos. Es lohnt sich also auch hier, die Pferde anzusehen und nicht nur die Futtertabellen und Formeln. Die Fütterung von Zuchtpferden besteht allerdings nicht allein darin, sie auf die Weide zu stellen. Es braucht vielmehr gute Kenntnisse über die entscheidenden Phasen der Entwicklung des neuen Lebens, sei es durch eine entsprechende Ausbildung oder fachkundige Beratung. Langjährige Erfahrung in der Zucht gesunder Pferde darf auch nicht unterschätzt werden.

Weidegang steht selbstverständlich im Zentrum der Versorgung tragender Stuten und heranwachsender Pferde. Sie haben ebenso wie Zuchthengste einen erhöhten Bedarf an verdaulicher Energie, verdaulichem Rohprotein an der essentiellen Aminosäure Lysin, der mit Grünfutter gut zu gewährleisten ist. Außerhalb der Grünsaison oder auch in Trockenperioden im Sommer mit geringem Bewuchs ist Heu zur freien Verfügung auch hier die wichtigste Futtergrundlage. Ergänzend ist Hafer ein ideales Kraftfutter, da er von Natur aus eine gute Balance zwischen verdaulicher Energie, verdaulichem Rohprotein und Lysin gewährleistet.

Deckende Hengste, tragende Stuten im achten bis elften Monat, säugende Stuten, Absetzer und Jährlinge, sie alle haben auch einen erhöhten Bedarf an Mineralstoffen und Vitaminen. Das betrifft die Mineralstoffe Calcium, Phosphor, Magnesium, Kalium, Jod, Eisen, Zink, Kupfer, Mangan, Kobalt, Selen sowie die Vitaminen A, D und E. Daher gibt es speziell auf Zuchtpferde ausgerichtete

Auch Deckhengste haben erhöhte Anforderungen an das Futter

Mineralfutter oder gesonderte Empfehlungen für die tägliche Menge gängiger Mineralfutter. Im Zweifel sollte für die Auswahl eine Beratung in Anspruch genommen werden. Während der Grünsaison ist die Versorgung mit den notwendigen Vitaminen gut gewährleistet. Ohne Grünfutter muss das Mineralfutter durch die Vitamine A, D und E angereichert sein.

Wer während der Weidesaison nicht zufüttert und entsprechend kein Mineralfutter und auch keine Mineralleckerlis verwendet, muss unbedingt einen Mineralleckstein zur Verfügung stellen. Dieser sollte so deponiert werden, dass die Fohlen nicht neugierig daran lecken können. Ein Mineralleckstein enthält im Gegensatz zum Salzleckstein die ganze Bandbreite der Mengen- und Spurenelemente und nicht nur Kochsalz. Bei der Versorgung über den Mineralleckstein ist eine direkte Kontrolle, wie viel ein die Mutterstute aufnimmt, natürlich nicht möglich. Die fachkundige Überprüfung des Zustands von Stute und Fohlen auch mit Blick auf Mangelerscheinungen ist dann umso wichtiger. Gerne wird auch übersehen, dass Wachstum im Mutterleib oder die Produktion von Spermien essentielle Fettsäuren benötigt. Ohne Zugang zu Grünfutter ist also speziell Leinöl eine gute Ergänzung der Versorgung von Zuchtpferden.

Zuchthengst

Die Fortpflanzung beginnt beim Deckakt. Der stellt zunächst einmal Anforderungen an den Hengst. Abgesehen vom eigentlichen Deckakt erfordert die Produktion von Spermien eine gezielt ergänzte Fütterung. Während des züchterischen Einsatzes erhöht sich der Bedarf an verdaulicher Energie, verdaulichem Rohprotein und Lysin für ihn im Mittel auf das 1,2fache. Das hängt selbstverständlich auch von der Zahl der Deckakte ab. Der Bedarf an Mineralstoffen und Vitaminen liegt beim 1,5fachen des Erhaltungsbedarfs. Gerade für die Vitaminversorgung ist es ein Problem, dass es oft nicht möglich ist, Hengste auf die Weide zu lassen. Grünfutter als wertvolle Quelle für Vitamine und zahlreiche Mineralstoffe entfällt dann, Sonnenlicht für die Vitamin D-Synthese ist eingeschränkt. Daher ist beim Zuchthengst während des Deckeinsatzes besonders genau auf das passende Mineralfutter mit Vitaminen zu achten.

Zuchtstute

Zunächst einmal sollte eine Stute idealerweise vor dem Decken beziehungsweise der Besamung einen möglichst optimalen Ernährungszustand haben, also den Body Score 3. Zu magere oder zu fette Stuten haben oft auch Probleme mit der Fruchtbarkeit, werden nicht tragend oder verlieren das Fohlen in einer frühen Phase der Trächtigkeit. In den ersten sieben Monaten der Trächtigkeit hat eine Zuchtstute keinen nennenswert erhöhten Bedarf. Sie braucht vor allem Weidegang und damit ausreichend Zugang zu Grünfutter. Natürlich darf die Versorgung mit Mineralfutter auf dem Niveau des Erhaltungsbedarfs nicht vergessen werden. Weidegang ist der einfachste Weg, für die

Säugende Stuten brauchen neben einer guten Ernährung auch immer Zugang zu ausreichend Wasser

ausgewogene Fütterung und Haltung einer tragenden Stute zu sorgen. Pferde, die dies aus gesundheitlichen Gründen nicht vertragen, sollten in der Zucht nicht eingesetzt werden. Auch sollte niemand züchten, der der Zuchtstute den Weidegang nicht ermöglichen kann. Die Zucht mit Stuten, die Futterzusätze beispielsweise wegen Arthrose für ihr Wohlbefinden benötigen, sollte gut überlegt werden. Jegliche Futterzusätze oder Medikamente sollten während der Trächtigkeit ausschließlich nach Rücksprache mit einer Tierheilpraktikerin oder einem Tierarzt eingesetzt werden. Das gilt auch für natürliche, rein pflanzliche Futterergänzungsmittel!

Zurück zum Grünfutter. Durch den Klimawandel kommt es in manchen Regionen im Sommer gehäuft zu Perioden extremer Trockenheit. Auch am Ende der Weideperiode kann die Versorgung mit Grünfutter limitiert sein. Heu *ad libitum* muss in solchen Phasen für tragende Zuchtstuten selbstverständlich sein. Die Ergänzung der Heufütterung durch ein Mineralfutter, das auch Vitamin A und E enthält, ist dann außerdem notwendig.

Ab dem achten Trächtigkeitsmonat erhöht sich der Bedarf an allem. Das enorm wachsende Fohlen muss versorgt werden, die Gebärmutter und Gesäuge müssen zulegen, die Stute muss für das nachfolgende Säugen des Fohlens Reserven anlegen. Diese Phase fällt zudem üblicherweise in den Herbst/Winter, was eine gezielte Fütterung erfordert. In diesem letzten Trächtigkeitsdrittel braucht die Mutterstute den 1,3fachen Erhaltungsbedarf an verdaulicher Energie, wobei auch zu berücksichtigen ist, dass ihre Lebendmasse insgesamt zunimmt. Gleichzeitig verringert sich im letzten Trächtigkeitsdrittel die Kapazität der Verdauungsorgane, das Fohlen im Bauch nimmt immer mehr Platz ein. Insofern ist eine sehr große Heumenge für die Mutterstute kaum noch zu schaffen. Eine Ergänzung mit Kraftfutter ist daher notwendig. Und nicht nur der Energiebedarf erhöht sich deutlich. Beim Proteinbedarf ist die Zunahme sogar noch größer, er liegt beim 1,5fachen in den Trächtigkeitsmonaten acht bis zehn und im elften Monat dann sogar beim 2fachen des Erhaltungsbedarfs. Hinzu kommt, dass es hochwertiges Protein sein muss, das einen hohen Anteil an der essentiellen Aminosäure Lysin enthält. Der Bedarf an Mineralstoffen und Vitaminen steigt auf das 1,75fache. Hoher Energiegehalt, hoher Proteingehalt im Verhältnis zur Energie, hochwertiges Protein mit viel Lysin, all diese Anforderungen erfüllt Hafer auf ganz natürlichem Weg. Er ist daher ideal geeignet für die hochtragende Stute als Futterergänzung.

Beispiel

Eine Stute von ursprünglich 520 kg Lebendmasse ist im 10. Trächtigkeitsmonat. Sie hat ca. 15 % an Körpermasse zugelegt, wiegt also nun rund 600 kg. Das entspricht laut Tabelle auf Seite 102 einer metabolischen Lebendmasse von 121 kg. Der Erhaltungsbedarf wäre 0,6 MJ DE pro kg metabolische Lebendmasse, also 0,6 mal 121 gleich 72,6 MJ. Dieser Erhaltungsbedarf wird mit 1,3 multipliziert, das ergibt 94,38 MJ. Umgerechnet in Heu mit 6 MJ pro kg ergäbe das eine Portion von rund 16 kg.

Kalkuliert man mit 8 kg Heu als noch zu bewältigende Menge, dann erhält die Stute daraus 48 MJ verdauliche Energie. Es fehlen also 72,6 minus 48 = 24,6 MJ zum errechneten Bedarf. Die sollen mit Hafer gefüttert werden. Teilt man 24,6 durch 11 ergibt das 2,2 kg Hafer, die man im Zweifel passend zur Schippe im Haferwagen auf 2,5 kg aufrunden sollte.

Die Stute bekommt also 8 kg Heu und 2,5 kg Hafer. Reicht das mit Bezug auf Rohprotein? Der Erhaltungsbedarf an verdaulichem Rohprotein ist 3 g pro kg metabolische Lebendmasse. Das ergibt 121 mal 3 = 363 g. Der Bedarf ist im 10. Monat 1,5fach, also 363 mal 1,5 = 544,5 g. Das Heu soll hier mit dem Mittelwert von 49 g pro Kilogramm vRp veranschlagt werden. 8 mal 49 = 392 g verdauliches Rohprotein stecken also in der Heuportion. 544,5 minus 392 = 152,5 g vRp, die noch ergänzt werden müssen. In der Haferportion sind 2,5 mal 85 = 212,5 g enthalten. Das ist also mehr als errechnet, aber unter dem Zweifachen, was die Niere zu sehr belasten würde. Passt.

In der Futterportion steckt auch reichlich Lysin. Bei Heu soll wieder der Mittelwert in die Berechnung eingehen, also 3,55 g pro Kilogramm. Das sind dann 8 mal 3,55 = 28,4 g Lysin im Heu und 2,5 mal 5 = 12,5 g Lysin im Hafer. Macht zusammen 40,9 g Lysin.

Zur Erinnerung *Heu enthält pro Kilogramm 6 MJ verdauliche Energie, 44 bis 54 g verdauliches Rohprotein und 2,3 bis 4,6 g Lysin. Hafer enthält pro Kilogramm 11 MJ verdauliche Energie, 85 g verdauliches Rohprotein und 5 g Lysin*

Anstelle einer genauen Berechnung kann eine Fütterung nach Figur bei entsprechender züchterischer Erfahrung in Ordnung sein. Die Stute muss auf jeden Fall so viel Heu fressen können, wie sie mag. Die Ergänzung mit Hafer erfolgt dann nach Futterzustand. Fünf bis sechs Zentimeter Fettkamm am Hals, nur mit Druck tastbare Rippen und kleine Fettpolster am Schweifansatz sind leicht zu überprüfende Kennzeichen für einen angestrebten Body Score von 3 bis 4. Die Stute ist in diesem Stadium jedenfalls kein sportlich schlankes Pferd und braucht Reserven für das anstehende Säugen des Fohlens. Immer wieder sollte eine Kontrolle des Zustandes der Mutterstute erfolgen. Sie sollte weder zu fett werden noch abmagern. Ein zunehmender Bauch ist ab dem fünften Trächtigkeitsmonat zu erwarten. Ab diesem Zeitpunkt kommt es zum Absenken der Gebärmutter. In den Monaten neun bis elf wächst das Fohlen dann sehr stark, was entsprechend auch den Babybauch der Stute anschwellen lässt. Am Ende der Trächtigkeit hat eine Stute üblicherweise rund 18 % an Gewicht zugelegt.

Im elften Monat stinkt oft einfach aus Platzgründen im Bauch die Futteraufnahme der Mutterstute. Gleichzeitig steigt auch die Kolikgefahr, Wechsel der Futtermittel sind hier also nicht angezeigt. Bei Verstopfungsneigung kann mit etwas Leinsamen, auf den ab Seite 162 nochmals genauer eingangen werden soll, nachgeholfen werden. In dieser vorgeburtlichen Phase kann also die Stute oftmals nicht mehr den hohen Bedarf an Energie und Eiweiß durch das Futter decken. Dann kommt den körperlichen Reserven der Mutterstute eine wesentliche Rolle zu.

Nach der Geburt versorgt die Mutterstute weiterhin sich selbst und das Fohlen über die Milch. Die säugende Stute hat daher immer noch einen hohen Bedarf und muss anfangs zugefüttert werden. Eine Warmblutstute produziert täglich zwischen 12 und 15 L Milch für das Fohlen. Das ist eine enorme Leistung! Säugende Stuten brauchen für diese Milchproduktion auch deutlich mehr Tränkewasser als andere Pferde. Wasser muss daher immer reichlich zur Verfügung stehen. Die Milch der Stute ist extrem wichtig für die Gesundheit des Fohlens. Zunächst ist die Kolostralmilch essentiell für die Immunität des Fohlens. Diese erste Milch hat zwei Stunden nach der Geburt die optimale Zusammensetzung, schon sechs Stunden nach Geburt enthält sie nur noch ein Drittel der Antikörper. Außerdem hat das Fohlen nur innerhalb der ersten zwölf Lebensstunden eine besondere Situation im Magen, die den Durchtritt der Antikörper ermöglicht.

Im Verlauf der ersten sechs Lebensmonate des Fohlens ändern sich die Anforderungen an die Zusammensetzung der Muttermilch

Dürresommer, wie sie angesichts des Klimawandels immer häufiger werden, erfordern das Zufüttern von Heu, Hafer und die zusätzliche Versorgung mit Mineralien und Vitaminen

und damit der Bedarf der Mutterstute. In den ersten drei Monaten liegt der Bedarf an verdaulicher Energie und an verdaulichem Rohprotein beim 2fachen des Erhaltungsbedarfs, im vierten und fünften Monat der Laktation dann beim 1,5fachen. Im sechsten Monat setzt eine zunehmende Entwöhnung ein. Durchgehend ist eine hohe Proteinqualität wichtig, denn die essentielle Aminosäure Lysin ist entscheidend für das gesunde Wachstum des Fohlens. Der Bedarf an Mineralstoffen und Vitaminen bleibt beim 1,75fachen. Bei ausreichend großen Grünflächen mit gutem Bewuchs erübrigen sich feine Berechnungen, frisches Grünfutter erfüllt die Anforderungen auch hinsichtlich der Vitamine. Der Zugang der Stute zu Gras ist also entscheidend für eine unkomplizierte und gelungene Versorgung von Mutter und Fohlen. Mineralstoffe müssen weiterhin ergänzt werden, ein Mineralleckstein ist das absolute Minimum in dieser Hinsicht! Von zentraler Bedeutung für die Gesundheit von Mutter und Fohlen sind vor allem die Spurenelemente Kupfer und Selen. Im Zweifel sollte eine Heuanalyse erfolgen, um die lokale Versorgung mit diesen beiden Spurenelementen genauer zu verstehen und das Mineralfutter entsprechend anzupassen.

Erfolgt die Geburt sehr früh im Jahr, muss natürlich zunächst weiter zugefüttert werden.

Der Bedarf von Mutter und Fohlen ist dabei individuell durchaus unterschiedlich. Im Großen und Ganzen sollte zunächst weiterhin Kraftfutter und Leinöl gegeben werden wie in den Trächtigkeitsmonaten acht bis zehn. Über- und Unterversorgung sind dabei gleichermaßen schlecht insbesondere für die Gesundheit des Fohlens. Ein kritischer Blick auf den Zustand von Mutter und Fohlen ist daher regelmäßig notwendig. Bei geringer züchterischer Erfahrung sollte im Zweifel fachkundiger Rat eingeholt werden.

Und ein zusätzlicher Hinweis: Zucker und Stärke sind für Fohlen nicht verdaulich, weil ihnen ein wichtiges Enzym im Dünndarm (Saccharase) noch fehlt. Es ist erst ab dem 7. Lebensmonat voll im Einsatz. Daher darf man Fohlen weder Hafer noch Äpfel noch Möhren noch trockenes Brot oder Ähnliches geben! Durchfälle können die Folge sein.

Absetzer und Jährlinge

Im ersten Lebensjahr wachsen Pferde enorm. Ein Fohlen hat bei Geburt ca. 10 % seines Endgewichts, im Alter von einem Jahr sind es dann schon 60 bis 70 %. Mit einem Jahr erreichen Pferde auch bereits 80 bis 90 % ihres Stockmaßes. Danach nimmt die Wachstumsrate schrittweise ab. Bei Hengsten und Stuten ist das Wachstum im Alter von fünf Jahren abgeschlossen, Wallache dagegen wachsen bis sieben Jahre. Gegen Ende der Entwicklung werden Pferde in erster Linie kräftiger in der Statur, die Zunahme des Stockmaßes ist ab dem Alter von vier Jahren nur noch gering. Entsprechend entwickelt sich auch der Futterbedarf. Er ist im ersten Lebensjahr deutlich höher als danach. Während in den ersten sechs Lebensmonaten die Versorgung über die Mutterstute erfolgt, schließt sich dann ein halbes Jahr an, in dem man den Absetzer gezielt füttern muss mit dem Ziel, massive Wachstumsschübe zu vermeiden.

Das Ziel ist eine möglichst gleichmäßige Versorgung. Ein heranwachsendes Pferd sollte dabei keinesfalls massive Fettdepots anlegen, die den Stoffwechsel ungünstig beeinflussen. Die typischen Fettpolster, die für die Beurteilung des Body Scores herangezogen werden, beispielsweise am Mähnenkamm oder am Schweifansatz, sind unbedingt zu vermeiden. Natürlich ist auch eine Mangelernährung ein Problem, die zu schweren Schäden führen kann. Schlimm sind auch vorübergehende Phasen der Mangelernährung beispielsweise im Winter gefolgt von hoher Versorgung dann im Frühjahr durch Weideaustrieb. Solch ein Vorgehen führt zu massiven Wachstumsschüben, die dann Ursache für diverse Fehlentwicklungen beispielsweise an den Knochen und Gelenken sein können. Das Wachstum wird in erster Linie durch die verdauliche Energie begrenzt. Der Proteinbedarf ist zwar auch erhöht, aber bei ausreichender Energie aus Grünfutter, Heu und Hafer ist der Eiweißbedarf gedeckt.

Kritisch ist insbesondere die Phase des Absetzens. Die Stärkeverdauung gelingt einem Fohlen erst ab dem 7. Lebensmonat. Gleichzeitig fällt das Trennen von der Mutter in den Herbst, wo oft nicht mehr viel Grünfutter vorhanden ist. Außerdem bekommen viele Absetzer von dem Stress der Trennung eine Magenschleimhautentzündung, was eine stärkehaltige Fütterung ebenfalls unmöglich macht. Mehr zum Thema Magenerkrankungen ab Seite 152. Pferde mit Milchgebiss können wegen der harten Fasern zudem Luzerneheu nicht ausreichend kauen. Aufgrund dieser Anforderungen sollte das Absetzen möglichst auf einer noch mit gutem Bewuchs ausgestatteten Grünfläche und nach dem 7. Monat erfolgen. In jedem Fall muss das Fohlen im Rahmen der Entwöhnung von der Mutter bereits an Grünfutter oder Heu gewöhnt sein, je nachdem wie die Anschlussfütterung erfolgen soll. Und die Trennung muss möglichst stressarm gestaltet werden. Wie man das am besten macht, dazu gibt es verschiedene Strategien, deren Darstellung an dieser Stelle zu weit führen würde.

Insgesamt ist die von namhaften Forschungsinstituten für Absetzer und Jährlinge angegebene Bandbreite des Bedarfs an verdaulicher Energie, verdaulichem Rohprotein und Lysin derart groß, dass eine genaue Berechnung weitgehend sinnlos erscheint. Insgesamt sind heranwachsende Pferde am besten versorgt durch Grünfutter und Heu zur freien Verfügung. Sind sie dann zu dünn, ist Hafer wieder die beste Kraftfuttervariante, es sei denn, es liegt eine Magenschleimhautentzündung vor. Dann bieten sich Luzernegrünmehl Cobs an, die unbedingt eingeweicht werden müssen. Der Bedarf an Mineralstoffen und Vitaminen liegt im ersten Lebensjahr beim 1,75fachen des Erhaltungsbedarfs. Mineralfutter darf daher keinesfalls in der Aufzucht vernachlässigt werden. Die ergänzende Vitaminversorgung außerhalb der Grünsaison ist unbedingt zu beachten.

Auch im zweiten Lebensjahr ist der Bedarf an Energie, Protein, Mineralstoffen und Vitaminen noch erhöht, er geht allerdings schrittweise zurück. Ab dem dritten Lebensjahr entspricht die Fütterung dann weitgehend der eines erwachsenen Pferdes, wobei die Mineralstoffe und Vitamine am oberen Ende des normalen Erhaltungsbedarfs anzusiedeln sind.

AUF EINEN BLICK

- Die Haltung von Zuchtstuten und die Aufzucht von Pferden erfordert ausreichend Weideflächen, Grünfutter ist die beste Ernährungsgrundlage für Zucht- und Nachwuchspferde
- Zuchthengste, tragende Stuten im letzten Trächtigkeitsdrittel, säugende Stuten, Absetzer und Jährlinge haben einen erhöhten Bedarf an
  - verdaulicher Energie
  - verdaulichem Rohprotein
  - der essentiellen Aminosäure Lysin
  - essentiellen Fettsäuren
  - den meisten Mineralstoffen
  - den Vitaminen A, D und E
- Im Winter und in Trockenperioden im Sommer ist das Grünfutter vor allem durch Heu zur freien Verfügung zu ersetzen
- Hafer ist ein natürlich ausgewogenes Kraftfutter für Zuchtpferde
- Leinöl ist eine wertvolle Ergänzung für Zuchtpferde
- Die Mineralstoffversorgung ist auch während der Weidesaison zu ergänzen
- Die Vitaminversorgung muss außerhalb der Grünsaison durch Zusätze gewährleistet werden

Entgiftung

Die Schlacken sollen raus, aber was heißt das eigentlich?

Eine akute Vergiftung ist ein Fall für den Tierarzt. Darum geht es hier nicht. Thema ist die Entgiftung von Stoffwechselprodukten oder schädlichen Stoffen, die sich über die Zeit im Körper angereichert haben. Dabei unterscheidet man grundsätzlich zwischen wasserlöslichen und fettlöslichen Substanzen. Eine gute Entgiftungsstrategie deckt beide ab. Ganz oben auf der Liste steht die Vorbeugung. Sauberes Futter ohne Pestizide oder Schimmel, eine sinnvoll auf ausreichend Heu basierende Fütterung, damit kann man erreichen, dass sich der Körper gut selbst helfen kann. Denn gutes Futter hin oder her, der Körper produziert ständig giftige Stoffe, Ammoniak zum Beispiel. Und weil der wirklich sehr giftig ist, hat der Körper einen Prozess etabliert, das Zeug unschädlich zu machen und dann zu entsorgen. Er wandelt Ammoniak in – wasserlöslichen – Harnstoff um und schickt ihn über den Urin nach draußen. Genau diese körpereigenen Verfahren machen sich auch die Entgiftungsstrategien zunutze. Die zuständigen Organe werden unterstützt oder angeregt. Da spielt der Darm ebenso eine Rolle, wie die Leber und die Niere, die Lunge und die Haut.

Die Darmbarriere

Am besten nimmt der Körper Giftstoffe, die möglicherweise im Futter sind, erst gar nicht auf. Dazu hat er die Darmbarriere. In der Darmwand sitzen Kanäle, die ungewollte Stoffe gleich wieder zurück in den Futterbrei transportieren. Diese Prozesse kann man durch Gabe poröser Strukturen unterstützen, die ähnlich einem Schwamm alles Mögliche aufsaugen und festhalten, so dass es nicht aufgenommen werden kann. Derartige Verfahren macht man sich bei akuten Vergiftungen zunutze, darum wird von der Tierärztin in solchen Fällen eventuell Aktivkohle verabreicht. Viel feiner sind Gesteine wie Zeolith. Insgesamt ist dieses Entgiftungsverfahren wenig selektiv, das heißt es werden auch beispielsweise Mineralstoffe festgehalten, die dann dem Körper nicht zur Verfügung stehen. Entsprechend sind Stoffe wie Zeolith nur für zeitlich sehr begrenzte Kuren geeignet.

Die Leber

Sie ist ein zentrales Entgiftungsorgan, und das gilt nicht nur für den Alkohol nach einer guten Feier im Reiterstübchen. Die Leber ist ständig im Einsatz, beispielsweise beim Entsorgen der Reste verschrotteter roter Blutkörperchen, beim Abbau von Medikamenten, beim Verarbeiten von einigen Wurmkuren, um nur einige Beispiele zu nennen. Haupteinsatzgebiet ist die Beseitigung fettlöslicher Substanzen. Je nach Abbauprozess werden die Produkte in umgebauter, dann wasserlöslicher Form in den Blutkreislauf zurückgeleitet und so an die Niere weiter gereicht

Viele Pferde wissen selbst, wann sie Löwenzahn für die Leber brauchen

oder sie landen aus der Leber über die Gallenflüssigkeit im Darm. Dort werden sie dann mit dem Futterbrei weiter transportiert, sind entweder nicht mehr für die Aufnahme geeignet oder werden von der Darmbarriere am Wiedereintritt gehindert und schlussendlich mit dem Kot ausgeschieden. Es kann daher Sinn ergeben, eine Leberentgiftung kurzfristig mit Zeolith zu flankieren, das von der Leber bearbeitet Stoffe im Darm bindet und so eine erneute Resorption verhindert.

Den Leberstoffwechsel und damit die Entgiftung über dieses Organ kann man mit Mariendistelsamen anregen. Weniger bekannt ist es, dass auch die Samen der Ackerkratzdistel entsprechende Stoffe enthalten. Schlaue Pferde fressen diese daher bei Bedarf sehr gerne. Ebenfalls anregend für die Leber des Pferdes ist der Verzehr von Löwenzahn oder Wegwarte. Manchmal muss es eben kein teures Futterergänzungsmittel sein, eine artenreiche Weide oder fleißiges Sammeln am Wegesrand genügen.

Die Niere

Wasserlösliche Substanzen aus dem Blut werden vor allem durch die Niere ausgeschieden, die zunächst das Blut filtriert. Größentrennung allein ist natürlich nicht die Methode der Wahl, da ginge zu viel verloren. Auf dem weiteren Weg durch die Niere wird daher vieles aktiv aus diesem Filtrat wieder zurückgeholt, Zucker zum Beispiel. Den wertvollen Nährstoff soll der Körper nicht durch Urin verlieren. Andere Substanzen werden aktiv ausgeschieden. Die Niere dient so auch der Regulation des Säurehaushalts im Körper.

Die Anregung der Nierenfunktion wirkt also entgiftend und entsäuernd. Ein typisches Kraut, das die Niere stimuliert, ist die Brennnessel. Sie wird in getrockneter Form von den meisten Pferden sehr gern gefressen. Vorsicht mit diesem Kraut ist bei Pferden angezeigt, die keinen Zucker erhalten sollen, also insbesondere jenen mit EMS, PSSM1 und mit Magenerkrankungen, denn Brennnesseln enthalten relativ viel Zucker. Zum Glück bietet die Natur auch anderen Optionen. Durchspülend wirken auch Birkenblätter, Goldrute oder Quecken. Letztere finden sich auf viele Weiden zur Selbstbedienung.

Bewegung ist ein anderer preiswerter Weg, die Niere durchzuspülen. Die Niere macht eine Druckfiltration. Erhöht man durch Training vorübergehend den Blutdruck, wird mehr Blut filtriert und damit werden mehr wasserlösliche Gifte ausgeschieden. Einmal weniger auf der Stallgasse geplaudert und stattdessen einmal öfter das Pferd bewegt, auch das ist eine gesunde Anregung der Nierentätigkeit.

Brennnesseln fressen Pferde im getrockneten Zustand meist sehr gerne

Die Lunge

Das Atmungsorgan hat eine wichtige Funktion bei der Regulierung des Säurehaushalts. Die Kohlensäure aus dem Blut wird in Form von CO2 abgeatmet. Niere und Lunge arbeiten bei der Säureausscheidung eng zusammen. Da der Säurewert des Blutes in einem sehr engen Rahmen gehalten werden muss, springt bei der Funktionsstörung eines der beiden Organe jeweils das andere ein.

Die Lungenfunktion als Ausscheidungsorgan kann man nicht direkt durch Kräuter anregen, aber Bewegung und frische Luft sind ein ganz wichtiger Beitrag. Kräuter bei Atemwegserkrankungen sind ein anderes Thema, dazu mehr ab Seite 184. Eine gesunde Haltung und regelmäßiges angemessenes Training sind für die Säureregulierung über die Lunge sehr wichtig. Insbesondere der Galopp erzwingt ein Durchatmen. Natürlich ist Training anstrengender für den Pferdehalter als das Kräuterchen in der Futterschüssel, aber die Wirkung der Bewegung kann gar nicht hoch genug eingeschätzt werden. Soweit es also dem Pferd gesundheitlich möglich ist, sollte es täglich in den fleißigen Arbeitsgalopp gebracht werden, ob nun mit Reiterin oder vom Boden aus. Ist die Lunge krank, beeinträchtigt Schleim das Ausatmen oft erheblich. Je kranker die Lunge, desto mehr Funktion beim Entsäuern muss die Niere übernehmen. Die chronische Atemwegserkrankung COPD wird ab Seite 184 genauer besprochen.

Die Haut

Die Haut mit ihrer großen Oberfläche hat Drüsen für die Ausscheidung, allen voran die Schweißdrüsen. Dort gehen wasserlösliche Stoffe mit raus, der Grund für Salzverluste. Fettlösliche Substanzen kann die Haut über die Talgdrüsen nach draußen befördern.

Anregen lassen sich diese Funktionen vor allem durch schweißtreibendes Training und durch durchblutungsfördernde Massagen. Das ausgiebige Striegeln hat also durchaus einen entgiftenden Effekt, kann allerdings manche Stute recht giftig machen. Die Ausscheidung über die Talgdrüsen lässt sich auch dadurch stimulieren, dass man die Fettzusammensetzung des Sekrets flüssiger macht. Die Konsistenz des Sekrets wird durch essentielle Fettsäuren entsprechend beeinflusst, daher hat vor allem Leinöl hier ein interessantes Einsatzfeld.

AUF EINEN BLICK

- » Entgiftung erfolgt durch körpereigene Prozesse, die man anregen beziehungsweise unterstützen kann
- » Der Darm hat eine natürliche Darmbarriere, Zeolith kann kurzfristig eingesetzt werden, um zusätzlich die Aufnahme schädlicher Stoffe zu verhindern
- » Die Leber scheidet fettlösliche Substanzen über die Gallenflüssigkeit und damit letztlich über den Kot aus
- » Die Leber kann auch einige fettlösliche Substanzen in wasserlösliche Stoffe umbauen und dann auf dem Blutweg an die Niere weiterreichen
- » Die Leberfunktion lässt sich durch Samen der Mariendistel und der Ackerkratzdistel anregen oder durch Löwenzahn oder Wegwarte
- » Die Niere scheidet wasserlösliche Substanzen durch Druckfiltration und durch aktive Prozesse aus
- » Die Druckfiltration wird durch Bewegung verstärkt
- » Brennnessel, Birkenblätter, Goldrute und Quecke regen die Nierenfunktion an
- » Brennnessel enthält viel Zucker und ist daher für Pferde mit EMS, PSSM1 und Magenerkankungen nicht geeignet
- » Die Niere und die Lunge regulieren den Säurewert des Blutes
- » Die Lungenfunktion wird durch frische Luft und Galopparbeit angeregt
- » Die Haut kann wasserlösliche Substanzen über die Schweißdrüsen ausscheiden, schweißtreibende Arbeit erhöht diese Ausscheidung
- » Die Haut kann fettlösliche Substanzen über die Talgdrüsen ausscheiden, was durch Leinöl verbessert werden kann
- » Massage regt die Ausscheidungsfunktion der Haut an

Alte Pferde

Pferdesenioren habe besondere Anforderungen, damit sie sich wohlfühlen und möglichst lange fröhlich unterwegs sind.

Alter an sich ist keine Krankheit. Aber ab einem gewissen Punkt meist deutlich jenseits der 20 Jahre sind die Funktionen verschiedener Organe reduziert, manches nutzt sich auch einfach im Laufe eines langen Lebens ab. Dadurch ergeben sich besondere Anforderungen an das Futter. Am deutlichsten ist dies bei den Zähnen. Wie auf Seite 77 beschrieben nutzen sie sich durch das Zermahlen des pflanzlichen Futters ab und schieben aus dem Zahnfach nach. Irgendwann ist das Ende des Zahns erreicht. Zähne können dann zerbrechen oder auch ausfallen. Manche sind so beschädigt, dass sie gezogen werden müssen. Wenn ein altes Pferd plötzlich schlechter frisst, sollte der erste Check den Zähnen gelten. Dann sind es eben nicht nur Haken und Spitzen, die als Ursache infrage kommen, sondern vielleicht ein durchgebrochener Zahn. Implantate, Zahnkronen oder gar dritte Zähne, für Pferde ist das keine Standardversorgung. Daher muss die Fütterung der verringerten Kautätigkeit angepasst werden. Die Basis der Ernährung besteht weiter aus Heu, denn am grundsätzlichen Prozess der Verdauung ändert die Zahnsituation natürlich nichts. Auch Pferde mit schlechten Zähnen haben noch einen Blinddarm mit den entsprechenden Mikroorganismen. Das Heu muss in diesem Fall in zerkleinerter Form zugeführt werden, also sind eingeweichte Heucobs hier das wichtigste Grundfutter. Diese Heucobs müssen in der gleichen Menge wie Heu und in möglichst vielen kleineren Portionen gefüttert werden, denn auch das Gedärm des alten Pferdes sollte kontinuierlich gefüllt sein. Angesichts der begrenzten Magenkapazität teilen sich alte Pferde die Portionen auch oft selbst ganz gut ein.

Zusätzliche Energie ganz ohne Kauen ist ideal für jene Senioren, die mit Heucobs alleine nicht ausreichend ernährt sind. Eine Fütterung mit bis zu 500 ml Öl täglich für ein Großpferd kann hier einen sehr guten Beitrag leisten, wenn die Leber noch fit ist. Im Zweifel sollte man die Leberwerte im Blut bestimmen. Öl muss nicht gekaut werden, allerdings ist die schrittweise Gewöhnung an die Ölfütterung wie auf Seite 51 beschrieben unbedingt zu beachten. Hafer ist für die Pferderentner ein gutes Futter, wenn die Energie und das Eiweiß aus den Heucobs nicht genügt. Es versteht sich von selbst, dass es dann gequetschter Hafer sein muss.

Luzerne ist für alte Pferde natürlich auch immer noch ein guter Eiweißlieferant. Allerdings ist zu bedenken, dass sie besonders

Alte Pferde mit aufgebrauchten Zähnen müssen mehrmals täglich eingeweichte Heucobs erhalten

Die Samen der Ackerkratzdistel sind ähnlich wertvoll für die Leber wie die der Mariendistel

harte Fasern hat und daher ohne die Zerkleinerung durch gute Zähne den Magen reizen oder gar schädigen kann. Daher ist für alte Pferde die Fütterung nur als Luzernegrünmehl geeignet. Alternativ können gezielt essentielle Aminosäuren als Futterzusatz gegeben werden. Aus diesen Aminosäuren kann der Körper in den einzelnen Zellen dann die eigenen Proteine basteln. Eine generelle Maßnahme zur Verbesserung des Futterzustandes im Herbst und Winter ist das Eindecken alter Pferde. So kann man den Energieverbrauch zum Heizen des Körpers senken.

Der Bedarf an Mineralfutter erhöht sich im Alter ebenfalls, wie stark ist individuell unterschiedlich. Der Grund liegt vor allem in einer abnehmenden Resorption im Darm, die auch oft schon deutlich früher einsetzt als die Zahnalterung. Ein gutes Seniormineralfutter enthält möglichst viele organisch gebundene Mineralien, um die Aufnahme aus dem Darm zu erleichtern. Schön ist es auch, wenn das Seniormineral mit essentiellen Aminosäuren wie Lysin und Methionin angereichert ist, dann schlägt man gleich zwei Fliegen mit einer Klappe. Selbstverständlich ist auf eine gute Vitaminversorgung ebenfalls zu achten. Die Vitamine A und E gehören auf jeden Fall ins Mineralfutter zumindest außerhalb der Grünsaison. Außerdem ist daran zu denken, dass eingedeckte Pferde eine schlechtere Vitamin D-Synthese haben, weshalb man dann auch dieses Vitamin über ein Mineralfutter zuführen sollte.

Abgesehen von dieser Basisfütterung ergeben sich verschiedene Anforderungen aus den unterschiedlichen gesundheitlichen Problemen, die im Alter auftreten können. Viele davon sind bei einem guten Management durchaus mit einem schönen Ruhestand vereinbar. Solange ein Pferd sich freiwillig bewegen mag und gut bei Figur gehalten werden kann, es in seiner ruhigen Herde nicht ausgesondert wird, ist es ein glückliches Lebewesen. Die Liste der Altersbeschwerden ist lang. Eine sehr typische Erkrankung des alten Pferdes ist das Equine Cushing Syndrom. Das Thema ist so groß, dass es ein eigenes Kapitel wert ist ab Seite 136. Gelenkbeschwerden kommen praktisch immer hinzu, wenn ein Pferd richtig alt werden darf. Auch hierfür gibt es ein Extrakapitel ab Seite 176. Und weil Verstopfungen nicht nur alte Pferde betreffen, wird das Thema ab Seite 162 ebenfalls separat abgehandelt.

Unterschätzt werden oft Einschränkungen der Herz-, Leber- und Nierenfunktion beim alten Pferd. Um hier nichts zu übersehen, ist ein regelmäßiger Gesundheitscheck durch einen Tierarzt oder eine Tierheilpraktikerin durchaus sinnvoll. Denn nur wer weiß, was zu berücksichtigen ist, kann auch gezielt die Fütterung anpassen. Pferde mit Symptomen schwerer Erkrankungen von Herz, Leber und Niere sind unbedingt einer Tierärztin oder einem Tierheilpraktiker vorzustellen. Hier als Tierhalterin allein Diagnostik zu betreiben, einen Futterplan zusammenzustellen und passende Kräuter auszuwählen, wird der Verantwortung gegenüber dem anvertrauten Tier nicht gerecht.

Herzerkrankungen

Den Puls kann man als Tierhalterin selbst prüfen. Das Herz eine erwachsenen Großpferdes schlägt in Ruhe 30- bis 40-mal pro Minute. Der Puls ist nicht so leicht zu finden, eine Einweisung durch eine fachkundige Person hilft da oft weiter. Und wenn sich der Puls anfangs nicht finden lässt, solange das Pferd fröhlich neben einem steht, ist da ganz bestimmt einer. Gerade die Probleme des alten Herzens allerdings zeigen sich oft nicht in einer veränderten Pulsfrequenz. Für eine eingeschränkte Leistungsfähigkeit des Herzmuskels sprechen folgende Symptome:

- verminderte körperliche Belastbarkeit
- ruhiges, manchmal apathisches Verhalten
- schlechter bei Wetterumschwüngen
- schnelle flache Atmung
- trockener Husten
- Wassereinlagerungen in den Beinen, am Bauch
- kolikartige Symptome
- sehr kalte Beine, Ohren
- häufigeres Zusammenbrechen

Oft sind die Symptome allerdings nicht so deutlich. Anfangs fällt vor allem auf, dass das Pferd matt wirkt, dass seine Bewegungsfreude abnimmt. Risikofaktoren für die Entstehung dieser Herzschwäche sind Übergewicht und chronische Atemwegserkrankung.

Bei der Fütterung gibt es ein paar Dinge zu beachten, die auf eine Entlastung des geschwächten Herzens abzielen. Naheliegend ist es, dass Übergewicht abgebaut werden muss, allerdings ist das nur selten ein Problem bei den sehr alten Pferden. Außerdem soll der Blutdruck niedrig gehalten werden und der Druck aus der Bauchhöhle verringert werden. Um den Blutdruck zu senken, muss der Salzleckstein entfernt werden. Einen weiteren Beitrag hierzu leisten Kräuter, die die Nierentätigkeit anregen. Wie schon auf Seite 120 genannt, sind das zum Beispiel Brennnessel, Birkenblätter, Goldrute oder Quecke. Herzstärkend wirkt vor allem Weißdorn. Hierfür gibt es verschiedene Futterergänzungsmittel, so pur von Busch frisst ein

Pferd die Blätter meist nicht. Auch ist es für die dauerhafte Herzbehandlung wichtig, die Dosierung konstant zu halten, was durch ein Fertigprodukt viel besser gelingt.

Leguminosen wie Luzerne, Esparsette, Soja und Klee wirken bei alten Pferden oft blähend. Ist dies der Fall, müssen sie beim herzkranken Pferd vom Speiseplan gestrichen werden, um diesen zusätzlichen Druck aus dem Bauchraum zu vermeiden. Aus dem gleichen Grund dürfen die Patienten auch keine größeren Mahlzeiten bekommen.

Lebererkrankungen

Was auch immer sich über die Jahre so angesammelt hat, auch die Leber kann natürlich Schaden nehmen. Man denke nur an das Jakobskreuzkraut, dessen lebertoxische Wirkung sich über das gesamte Leben anhäuft. Oft sind schlechte Leberwerte ein Zufallsbefund bei einem Blutbild. Symptome treten erst bei einer weitgehenden Zerstörung des Lebergewebes auf. Es sind:

- Appetitlosigkeit
- Apathie
- Aggression
- häufiges Gähnen
- Verdauungsprobleme von Durchfall über Verstopfung bis Kolik
- Hautprobleme wie Juckreiz, Hautentzündungen und andere
- Muskelabbau
- vermehrtes Schwitzen
- Abmagerung
- punktförmige Einblutungen in den Schleimhäuten der Augen
- Gelbfärbung der Schleimhäute der Augen
- dunkler Urin
- Blutgerinnungsstörungen

Leberschonkost für das Pferd bedeutet: kein Öl. Die Versorgung mit verdaulicher Energie muss also über Heucobs und Getreide erfolgen. Der Eiweißbedarf ist auf das 1,5fache erhöht, daher sind Leguminosen hier eine gute Idee. Ergänzend ist eine Versorgung mit essentiellen Aminosäuren als Zusatzfutter oder mit einem geeigneten Mineralfutter notwendig. Der Bedarf an Vitamin A, D und E ist auf das Zweifache erhöht. Da die Leber als körpereigener Syntheseort ausfällt, müssen diese Pferde auch Vitamin C erhalten. Leberkranken Pferden muss wegen des vermehrten Schwitzens unbedingt ein Salzleckstein zur Verfügung stehen.

Deutliche Gewichtsverluste oder auch eine plötzliche Gewichtszunahme müssen vermieden werden, denn das belastet die Leber zusätzlich. Geeignete unterstützende Kräuter sind Mariendistelsamen, Ackerdistelsamen, Löwenzahn und Wegwarte.

Nierenerkrankungen

Die chronische Niereninsuffizienz, wie sie bei alten Pferden auftreten kann, entsteht schleichend. Die Blutwerte verschlechtern sich erst in einem weit fortgeschrittenen Stadium.

Als Symptom, das man als Halter wahrnehmen kann, tritt im späteren Stadium ein Uringeruch des Fells auf, auch wenn die Pferde auf einer sauberen, urinfreien Unterlage geschlafen haben. Die Haut übernimmt dann eine Entgiftungsfunktion. Insgesamt sind die Pferde oft matt, wirken müde und verlieren deutlich an Gewicht.

Die Entwicklung geht teilweise über mehrere Phasen. Am Anfang kommt es oft zu großen

Urinmengen, die Pferde verlieren Eiweiß und Mineralstoffe. Zu diesem Zeitpunkt brauchen die Pferde also reichlich Eiweiß und viele Mineralstoffe sowie die wasserlöslichen Vitamine B und C. Später dann geht die Filtrationsleistung der Niere deutlich runter und insbesondere die Abbauprodukte von Eiweiß häufen sich im Blut an, die Urinmenge wird immer kleiner. Nach und nach vergiftet der Organismus sich selbst, die Mineralstoffe geraten aus dem Gleichgewicht. In dieser späteren Phase muss es eine eiweißarme Fütterung sein, Mineralstoffe dürfen nur sehr gezielt ergänzt werden.

Für die Fütterung bei Niereninsuffizienz lässt sich also ohne regelmäßige Blutuntersuchungen keine Empfehlung geben, ohne Tierarzt geht hier nichts. Auch Kräuter, die die Niere durchspülen, sollten ohne tierärztlichen Rat bei diesen Patienten nicht eingesetzt werden. Fachkompetenter Rat hilft auch einzuschätzen, ob der Zustand bei fortgeschrittenem Chronischen Nierenversagen insgesamt noch lebenswert ist.

AUF EINEN BLICK

- Alte Pferde mit schlechten Zähnen brauchen eine Grundfütterung mit eingeweichten Heucobs
- Öl liefert Energie ohne Kautätigkeit und ist bei schlechten Zähnen daher eine gute Ergänzung in der Fütterung
- Hafer muss für alte Pferde mit schlechten Zähnen gequetscht werden
- Luzerne kann bei schlechten Zähnen nur als eingeweichte Cobs aus Luzernegrünmehl gefüttert werden
- Der Futterzustand alter Pferde im Herbst und Winter lässt sich oft durch Eindecken verbessern
- Ein gutes Seniormineralfutter enthält bevorzugt organisch gebundene Mineralien und essentielle Aminosäuren sowie die Vitamine A, D und E
- Bei Herzerkrankungen
  - muss der Salzleckstein entfernt werden
  - kann die Anregung der Nierentätigkeit durch Kräuter wie Brennnessel, Birke blätter, Goldrute oder Quecke den Blutdruck senken
  - kann man das Herz stärken durch die Gabe von Weißdorn als fertiges Futterergänzungsmittel
  - müssen blähende Futtermittel wie Luzerne, Esparsette, Soja oder Klee gemieden werden
- Bei Lebererkrankungen
  - darf kein Öl gefüttert werden
  - ist der Eiweißbedarf auf das 1,5fache erhöht
  - der erhöhte Eiweißbedarf kann durch Luzerne und Co. gedeckt werden oder durch Aminosäuren als Zusatzfutter beziehungsweise im Mineralfutter
  - ist der Bedarf an Vitamin A, D und E auf das 2fache erhöht
  - muss Vitamin C zugefüttert werden
  - muss unbedingt ein Salzleckstein zur Verfügung stehen
  - können folgende Kräuter unterstützend eingesetzt werden: Mariendistelsamen, Ackerdistelsamen, Löwenzahn, Wegwarte
- Bei chronischer Niereninsuffizienz hängt die Fütterung und die Gabe von Kräutern vom Stadium der fortschreitenden Erkrankung ab und ist mit dem diagnostizierenden Tierarzt abzustimmen

Dicke Pferde: Das Equine Metabolische Syndrom (EMS)

EMS ist in vielerlei Hinsicht eine Gefährdung der Pferdegesundheit. Zur Problemlösung gehören die richtige Fütterung, Beschäftigung und ein angemessenes Training.

EMS

Nicht jedes moppelige Pferd hat EMS, allerdings führt Übergewicht auf Dauer praktisch immer zur Entstehung dieser Stoffwechselstörung. Und ist das erstmal passiert, kommt der Körper aus dem entstehenden Teufelskreis nicht mehr so leicht heraus. Hier kann die Tierhalterin entscheidend eingreifen, wenn sie weiß, wie. Was geht da im Körper vor sich? Die Zuckerverwendung läuft nicht mehr so wie vorgesehen. Normal ist es, dass bei steigendem Blutzucker der Insulinspiegel steigt. Daraufhin nehmen vor allem die Muskelzellen vermehrt Zucker auf und lagert ihn. Auch die Leber wird vermehrt aktiv, sie bildet Zuckerdepots in Form von Glycogen. Am Ende des Prozesses steht ein gesenkter Zuckerspiegel und die Insulinspiegel fallen wieder. Soweit so normal. Das Ganze läuft aus dem Ruder, wenn diese Prozesse nicht mehr genügen, um den Zuckerspiegel zu senken. Dann wird in der Bauchspeicheldrüse immer mehr Insulin produziert. Die Muskelzellen aber sind schon am Limit mit ihrer Zuckeraufnahme und entwickeln als Abwehr eine Insulinresistenz. Die Bauchspeicheldrüse brüllt quasi die Muskelzellen an und die werden einfach schwerhörig. Und so kommt es zu größeren Fettdepots im Körper, denn das Fettgewebe nimmt den Zucker gerne an. Auch die Leber verfettet.

Ein wichtiger Laborwert zur Diagnose des EMS ist also der Insulinspiegel im Blut. Treibende Größe ist der Blutzucker. Und genau da setzt die Fütterung an. Die Verdauung struktureller Kohlenhydrate im Blinddarm erhöht den Blutzucker nicht direkt. Das Futtermittel der Wahl ist also möglichst zuckerarmes Heu. Alles andere ist für Pferde mit EMS verboten. Der vielleicht einzig vertretbare Kompromiss ist ein streng regulierter Weidegang. Das hängt auch ganz stark davon ab, welche gesundheitlichen Folgen das EMS schon für das Pferd hat. Ansonsten gilt: keinerlei Getreide, weder als Hafer noch als Müsli, keine zuckerhaltigen Leckerlis, keine Möhren, keine Äpfel.

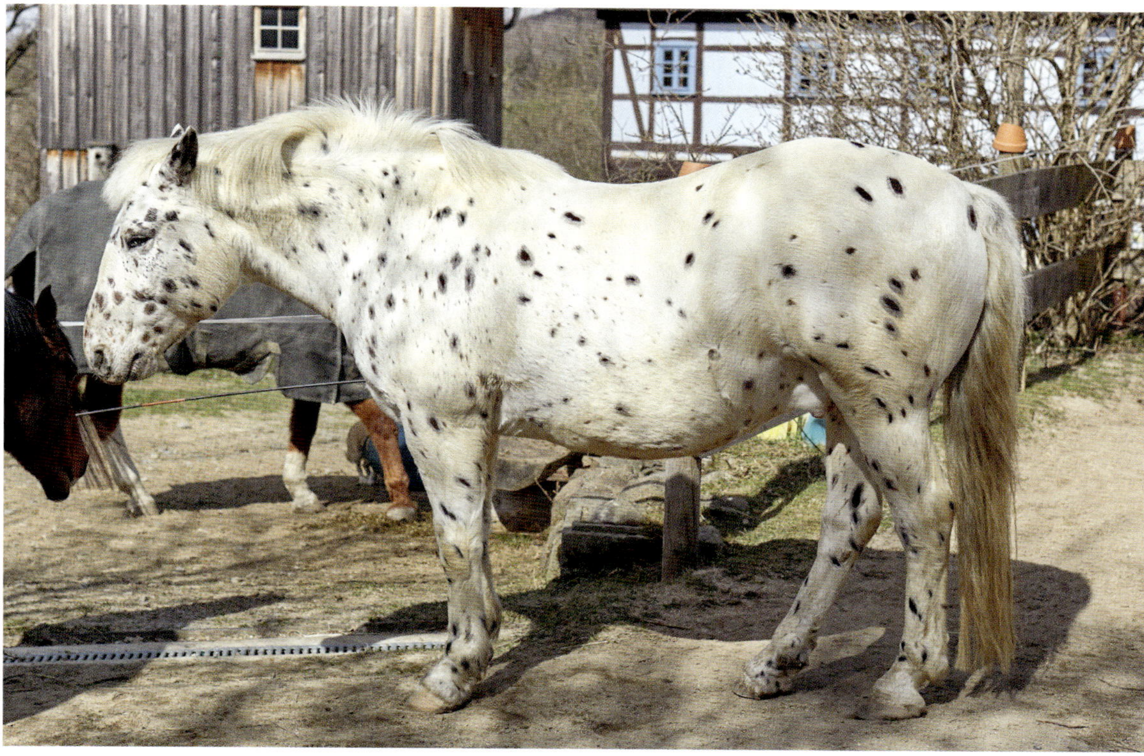

Keine Frage, hier besteht Handlungsbedarf, die Fettpolster sind deutlich zu erkennen

Zur Erinnerung *Cellulose ist ein strukturelles Kohlenhydrat aus der pflanzlichen Zellwand. Sie wird mithilfe von Mikroorganismen im Blinddarm des Pferdes verdaut. Cellulose ist der wichtigste Inhaltsstoff von Heu für die Pferdeernährung.*

Heu für EMS-Pferde

Ideal ist ein später erster Schnitt als insgesamt nährstoffarme Variante von Heu. Gutes Pferdeheu ist gerade für EMS-Pferde von zentraler Bedeutung. Sie bekommen wenig Futter, das deswegen von besonders guter Qualität sein muss. Zusätzlich kann man das Heu waschen, um die wasserlöslichen Kohlenhydrate wie Zucker, Stärke und Fruktane zu entfernen. Die geeignete Einweichzeit bewegt sich zwischen einer und drei Stunden. Je wärmer es ist, desto kürzer sollte die Zeit sein, denn Hefepilze vermehren sich sehr schnell in der zuckerreichen Wasserbrühe. Und das ist auch nicht gut, sie stören die eingespielte Gesellschaft der Mikroorganismen in Magen und Darm. Nachteil dieses Heuwaschens ist es, dass es dabei auch Proteine und Mineralstoffe verliert. EMS-Pferde sollen allerdings Muskeln aufbauen und brauchen dazu natürlich eine gute Eiweißversorgung. Hier die richtige Balance zu finden zwischen Zuckerreduktion und Proteingehalt des Futters, ist nicht einfach. Denn auch proteinreiche Zusätze enthalten natürlich wieder Energie. Diesen ausgeklügelten Mix zu berechnen setzt zunächst eine Heuanalyse voraus. Von dieser ausgehend kann dann eine Ernährungsberaterin, ein Tierheilpraktiker oder ein Tierarzt eine Ration zusammenstellen. Das Waschen von Heu kann nur im Rahmen einen genau berechneten Futterplans empfohlen werden. Das Bedampfen von Heu wäscht nichts aus, ist also hier keine sinnvolle Alternative, es ist dem

Einsatz bei Atemwegserkrankungen vorbehalten, siehe Seite 184.

Bei alleiniger Heufütterung ist eine Menge von 1,5 kg Heu je 100 kg Lebendmasse bereits eine Diätportion. Das ist die Faustregel für nicht gewaschenes Heu, das dann gerade noch ausreichend Proteine liefert. Besser ist es, den Erhaltungsbedarf zu berechnen und dann um 25% zu reduzieren. Fachkundige Beratung hilft hier im Zweifel weiter. Ein zu schneller Gewichtsverlust jedenfalls ist auch nicht gut. Er belastet vor allem die Leber eines übergewichtigen Pferdes. Wichtig bei dieser limitierten Fütterung ist die Verteilung der Heumenge auf möglichst viele Heuportionen pro Tag. Sinnvoll ist eine Gabe von Heu alle vier Stunden, das sind dann also 6 Portionen verteilt über 24 Stunden. Da das die Nacht mit umfasst, ist ein Futterautomat in solchen Fällen eine sinnvolle Anschaffung. Eine Behelfslösung ist ein engmaschiges Heunetz für die Nacht.

In der Heufütterung zur freien Verfügung bei Gruppenhaltung können engmaschige Heunetze ebenfalls die Futterzeit verlängern und die aufgenommene Menge so begrenzen, allerdings sind hungrige Pferde durchaus geschickt darin, die Halme aus den Netzen zu ziehen. Man kann auch das Heu mit Stroh strecken. Das funktioniert allerdings nur bei separater Fütterung in Portionen. Ansonsten klauben die Pferde halt das Heu aus dem Mix und das Stroh bleibt erstmal liegen. Strohfütterung aber verbietet sich aufgrund der Verstopfungsgefahr.

Es gibt durchaus noch andere Wege, die Fressmotivation von Pferden zu reduzieren.

Schätzen ist gut, wiegen ist besser für die Rationierung von Heu beim EMS-Pferd

Dazu muss man sich mit dem einzelnen Pferd befassen und verstehen, warum es soviel frisst. Da gibt es Pferde mit seltenen Stoffwechselstörungen, die tierärztlich behandelt werden müssen oder lebenslang limitiert ernährt werden müssen. Der Anteil dieser Pferde ist jedoch klein. Zwei andere große Gruppen fallen auf: Pferde, die aus Langeweile fressen und Pferde, die so ihren Stress verarbeiten. Bei den gestressten Kandidaten wird oft die Ursache unterschätzt. Dicke, vom Temperament eher gemütliche Pferde werden beispielsweise gern in der Therapie oder im Kinderreiten verwendet. Manch einer dieser freundlichen Gesellen nimmt sich die Verantwortung sehr zu Herzen und ist nach einem solchen Einsatz erst einmal so mit den Nerven runter, dass er ordentlich fressen muss. Da kann es schon eine Form der EMS-Therapie sein, nach dem

Kinderkontakt vielleicht noch eine Viertelstunde mit dem Pferd spazieren zu gehen, damit es abschalten kann.

Die größte Gruppe sind die intelligenten Moppel. Völlig unbegründet wird oft angenommen, dicke Pferde seien dümmer als dünne. Das geht an der Wirklichkeit komplett vorbei. Viele dieser dicken Pferde brauchen mehr Beschäftigung für den Kopf, damit sie dann erst einmal in Ruhe über ihre Aufgaben nachdenken statt zu fressen. Hier bietet sich phantasievolle Bodenarbeit an. Das Schöne ist, diesen Beschäftigungseffekt kann man auch im Schritt erreichen. Gerade auch für Pferde mit EMS, die schon durch Hufrehe belastet sind, eignet sich dieser Ansatz. Hübsch sind auch Spielzeuge für die Zeit des Tages ohne den Menschen. Solche Pferde lieben Knobelaufgaben, erforschen gerne. Beide Strategien, die Entspannung nach stressiger Arbeit und die Beschäftigung gegen Langeweile, benötigen Zeit und Phantasie. Zeit, die man mit dem Pferd verbringen darf, also schöne wertvolle Zeit.

Weidegang für EMS-Pferde

So schade wie es ist, der Weidegang muss stark reduziert werden oder komplett unterbleiben. Es helfen Strategien, die den Bewuchs reduzieren, allerdings ist ganz kurz verbissenes Gras auch nicht geeignet. Diese gestressten Pflanzen bilden oft viel Fruktan, auf das im Kapitel zu Hufrehe ab Seite 142 nochmal eingegangen wird. Außerdem kann es zur Aufnahme größerer Mengen an Sand beziehungsweise Erde kommen. Dann droht die Sandkolik, die auf Seite 82 beschrieben wurde. Große Gestüte früher haben zuerst die Rinder auf die Weiden gelassen, um das Gras zu reduzieren und die Wurmeier zu entfernen. Rinder fressen das Gras nicht so kurz wie Pferde. Wer also mit großen Flächen gesegnet ist, dem sei dieses Vorgehen ans Herz gelegt.

Neben stundenweisem Weidegang ist die Portionsweide noch eine Variante. Dabei wird täglich eine kleine neue Fläche freigegeben, die abgeweidet werden kann, der Rest bleibt als Laufbereich zur Verfügung. Dort wird allerdings das Gras sehr kurz verbissen mit den erwähnten Nachteilen. Alternativ ist der Laufbereich ein Sandpaddock mit Heufütterung und einzelne kleine Abschnitte der Weide werden täglich neu geöffnet. Dann gibt es noch am Halfter zu befestigende Fressbremsen, die sich je nach Geschick des jeweiligen Pferdes als mehr oder minder wirksam erweisen. Meist ist der Effekt auf die aufgenommene Grasmenge deutlich geringer als erhofft. Zudem ist ihre Verwendung über 24 Stunden tierschutzwidrig, weil sie normales Sozialverhalten stark einschränkt.

Kraftfutter und Leckerlis

Jegliches zucker- oder stärkehaltige Futter ist für Pferde mit EMS verboten. Sie dürfen weder Äpfel noch Möhren noch Hafer oder Mais oder trockenes Brot oder was auch immer bekommen. Keine Äpfel heißt hier wirklich null Äpfel. Es gibt bestimmte Leckerlis, die zucker- und stärkearm sind. Ein kritischer Blick auf die Zusammensetzung ist dabei sinnvoll. Auf solche Belohnungen kann man ausweichen. Je weniger man davon gibt, desto besser. Pferde werden auch gern damit belohnt, dass man ihnen Nähe und Ruhe ermöglicht. Und das macht nicht dick.

Beim Kraftfutter ist das so eine Sache. Pferde sind soziale Wesen. Wenn die Stallgenossen etwas in die Futterkrippe bekommen, wollen sie auch eine Portion haben. Da bieten sich Müslis an, die bewusst als energiearme Variante gestaltet sind und die dann vielleicht Wiesenkräuter enthalten. Hier sind einige durchaus sinnvolle Produkte im Handel. Es ist jedenfalls nicht zielführend, das Kraftfutter durch ein paar Möhren zu ersetzen, denn die enthalten viel Zucker.

Mineralfutter

Angesichts einer reduzierten Menge an Heu und begrenztem oder gestrichenem Weidegang entfällt ein wichtiger Teil der Versorgung mit Mineralstoffen und mit Vitaminen. Wird das Heu gewaschen, gehen dabei natürlich auch die wasserlöslichen Mineralstoffe verloren. Außerdem stellt der Abbau von Fett erhöhte Anforderungen an den Stoffwechsel, weshalb Mineralien und Vitamine besonders wichtig sind. Pferde mit EMS müssen daher gutes Mineralfutter erhalten, das gleichzeitig unbedingt energiearm sein muss. Es muss zudem ganzjährig Vitamin A und E enthalten. Günstig für die Ergänzung der Eiweißversorgung ist auch der Zusatz von Aminosäuren wie Lysin und Methionin. Die Dosierung des Mineralfutters sollte am oberen Ende der Empfehlung des Herstellers liegen. Organisch gebundene Mineralien sind wegen der besseren Bioverfügbarkeit zu bevorzugen. Wenn ein EMS-Pferd das Mineralfutter pur nicht frisst, bieten sich die erwähnten energiearmen Müslis oder eingeweichte Heucobs als Träger an.

Der Mineralstoff Chrom als Ion $Cr3^+$ wird mancherorts als Mittel bei EMS empfohlen. Es ist Bestandteil des vom Körper gebildeten Glucosetoleranzfaktors und deshalb klingt es auch zunächst plausibel, dass es beim Abnehmen helfen könnte. Das hat sich in Studien am Menschen allerdings nicht bestätigt. Wahrscheinlich liegt es daran, dass weder beim Menschen noch beim Pferd ein Mangel an Chrom vorliegt. Mehr $Cr3^+$ hat also keinerlei Einfluss auf den Zuckerstoffwechsel. Eine Überversorgung aber kann schädlich sein, $Cr3^+$ kann in die Ionen $Cr5^+$ und $Cr6^+$ umgewandelt werden, die Krebs erzeugen. Die Gabe von $Cr3^+$ ist also nicht nur nutzlos, sie kann sogar sehr schädlich sein.

Training

Die Bedeutung der Bewegung kann gar nicht genug betont werden. Behandelt man ein EMS-Pferd ausschließlich mit Futterentzug, kommt es zum Muskelabbau, was den Stoffwechsel weiter reduziert. Das ist ein schädliches Vorgehen. Etwas Bewegung muss also sein, und wenn es nur im Schritt ist, dann eben entsprechend lange. Durch Muskelarbeit werden die Muskelzellen wieder hellhöriger auf das Insulinsignal. Sie reagieren dann schon auf geringere Insulinspiegel mit der Aufnahme von Blutzucker. Hier liegt also der Hebel, den Teufelskreis von immer mehr Blutzucker und immer mehr Insulin und steigender Insulinresistenz der Muskelzellen zu durchbrechen. So erreicht man, dass die Muskelzellen den Blutzucker verarbeiten und nicht die Fettzellen. Mehr Muskelmasse, weniger Fettdepots, das ist das Ziel. Dadurch sinkt eventuell das Gewicht gar nicht so deutlich, denn natürlich wiegen auch Muskeln etwas. Wie in der Tabelle auf Seite 106 zusammengestellt, Galopp ist die Gangart, die bei weitem am meisten Energie verbraucht. Wenn ein dickes Pferd also von der Hufgesundheit her galoppieren kann, sollte es das unbedingt im täglichen Training tun. Wer das alleine zeitlich nicht bewältigen kann, findet vielleicht Teampartner. Die Dicken jedenfalls entwickeln mit zunehmendem Training in aller Regel immer mehr Bewegungsfreude und zeigen sich deutlich sportlicher, als man zunächst vermuten würde. Um ein Kilogramm Fett abzubauen, muss ein Pferd 32 MJ verdauliche Energie verbrauchen. Ein Blick in die Verbrauchstabelle auf Seite 106 hilft dabei, das entsprechende Bewegungsprogramm zu kalkulieren.

Beispiel

Ein kräftiges Pferd wiegt 680 kg, hinzu kommt ein Reiter von 70 kg. Macht also zusammen 750 kg Lebendmasse, die in die Berechnung eingehen. Die Beiden galoppieren im flotten Arbeitstempo einen Kilometer. Dabei verbrauchen sie 6 mal 750 = 4.500 kJ = 4,5 MJ. Welche Strecke muss man dann galoppieren, um ein Kilogramm Fett zur verbrennen? 32 geteilt durch 4,5 ist 7,1. Sieben Kilometer flotter Arbeitsgalopp, das gibt eine Vorstellung davon, dass das Wort Training hier ein ziemliches Bewegungsprogramm umfasst, wenn es etwas bringen soll. Natürlich sollte das Training schrittweise aufgebaut werden. Und es geht auch nicht darum, sofort jeden Tag ein Kilogramm Fett zu verbrennen. Zu schneller Gewichtsverlust ist nicht gesund.

Phytotherapie bei EMS-Pferden

Für den Fettabbau muss vor allem die Leber mehr leisten. Es bietet sich an, dieses Organ mit Kräutern wie Mariendistel, Ackerdistel, Löwenzahn oder Wegwarte zu unterstützen.

Wegwarte hilft der Leber

AUF EINEN BLICK

- Heu als später erster Schnitt ist die wichtigste Futtergrundlage für Pferde mit EMS
- 1,5 kg Heu pro 100 kg Lebendmasse ist bereits eine Diätportion
- Heu kann man ein bis drei Stunden waschen, um den Zucker- und Stärkegehalt weiter zu reduzieren
- Getreide, Äpfel, Möhren, trockenes Brot sind für Pferde mit EMS strikt verboten, da sie viel Stärke beziehungsweise Zucker enthalten
- Weidegang ist, wenn überhaupt, dann nur in sehr engem Rahmen möglich
- EMS-Pferde brauchen unbedingt ein gutes Mineralfutter, das auch ganzjährig Vitamin A und E enthält
- Häufig fressen Pferde vermehrt aus Stress, der gezielt durch Entspannung abgebaut werden muss
- Viele Pferde fressen auch aus Langeweile, abwechslungsreiche Beschäftigung ist dann eine wichtige Futterreduktion
- Training ist ein wesentlicher Bestandteil des EMS-Managements, nur so wird die Muskulatur wieder der Hauptverbraucher des Blutzuckers

Galopptraining verbraucht am meisten Energie und macht auch den Dicken durchaus Spaß

Equines Cushing Syndrom (ECS)

Das Equine Cushing Syndrom ist eine typische Erscheinung des älter werdenden Pferdes. Der Anteil der Pferde mit ECS beträgt rund 15 % bei den 15-jährigen Pferde und steigt auf mehr als 30 % bei den hochbetagten Senioren Ende 20.

Das ECS ist eine hormonelle Störung mit einer ganzen Reihe von Symptomen, die nicht unbedingt alle zusammen auftreten. Das kann individuell sehr unterschiedlich sein. Der Eindruck, dass das Pferd auf einmal irgendwie alt wirkt, sollte Anlass sein, genauer hinzuschauen. Denn nicht immer fallen die Kandidaten gleich mit langem Teddyfell auf, auch wenn das vermehrte Haarwachstum das bei weitem typischste Symptom des ECS ist.

Die Liste der Symptome ist lang. Sie umfasst:

- vermehrte Behaarung, lockiges Fell
- Schwierigkeiten beim Fellwechsel, vor allem beim Verlust des Winterfells
- schlechte Qualität des Hufhorns
- chronische Hufrehe mit eventuellen schweren Hufreheschüben
- Leistungsschwäche
- allgemeine Muskelrückbildung, oft mit Senkrücken
- Gewichtsabnahme, die Pferde sind rippig
- Fettpolster ähnlich des EMS beispielsweise am Mähnenkamm und dem Schweifansatz
- Pendelbauch
- Magenschleimhautentzündung, Magengeschwür
- Kotwasser, Durchfälle
- Apathie, Lethargie, Depression
- vermehrtes Wasserlassen und Saufen
- erhöhte Schweißneigung
- erhöhte Infektanfälligkeit
- schlechte Wundheilung, dünne Haut
- Sehstörungen bis hin zur Blindheit
- Zyklusstörungen, schlechte Fruchtbarkeit
- Kreislaufkollaps

Immer häufiger findet man anstelle von ECS auch die Bezeichnung PPID. ECS und PPID werden oft gleichgesetzt. So ganz stimmt das nur in eine Richtung. PPID ist eine Variante des ECS. Es ist die bei weitem häufigste Form des ECS beim Pferd. Die

Langes Fell ist oft das erste Anzeichen von ECS, der Muskelabbau an der Rückenlinie resultiert dann unbehandelt irgendwann in einem Senkrücken

Abkürzung PPID steht für Pituitary Pars Intermedia Dysfunction. Es handelt sich um eine Funktionsstörung („dysfunction") des Zwischenlappens („pars intermedia") der Hirnanhangsdrüse („pituitary"). Es kommt in der Folge zu einer vermehrten Produktion des Hormons ACTH. Die ACTH-Spiegel kann man im Blut messen, weshalb dieser Test durch den Tierarzt im Zweifel Klarheit schafft. Da die ACTH-Spiegel im Laufe des Jahres schwanken, sind die Werte im September und Oktober besonders aussagefähig. Insgesamt gibt es keine Heilung für das ECS, sondern nur ein gutes Management der Erkrankung. Im Falle von PPID ist eine medikamentöse Behandlung mit der Tierärztin abzustimmen. Andere, nur sehr selten vorkommende Formen des ECS, die beispielsweise auf Veränderungen der Nebenniere beruhen, sind deutlich schlechter zugänglich für eine Therapie.

Tabletten hin oder her, die Fütterung muss der hormonellen Entgleisung auch gerecht werden. Das gilt insbesondere für die erhöhten Insulinspiegel, die hier durch eine Kettenreaktion der Hormone entstehen. Das eben erwähnte ACTH führt zu einer gesteigerten Produktion des Stresshormons Cortisol. Das wiederum erhöht unter anderem den Blutzucker und baut dazu Proteine ab, was zu Muskelschwund führt. Wie beim EMS kommt es über erhöhte Blutzuckerspiegel und dadurch steigende Insulinspiegel zur Insulinresistenz der Muskel- und Leberzellen. Am Ende steht ein rippiges Pferd mit Muskelabbau und Fettdepots, oft kommt durch die erhöhten Insulinspiegel Hufrehe dazu. Bei der Fütterung ist infolgedessen darauf zu achten, dass die Blutzuckerspiegel nicht weiter erhöht werden. Die Ernährung mit strukturellen Kohlenhydraten aus Heu steht entsprechend im Vordergrund. Die Verdauung der Cellulose durch Mikroorganismen im Blinddarm erhöht den Blutzucker nicht direkt.

Für Pferde mit ECS gilt angesichts der hormonell bedingten hohen Blutzuckerspiegel: Futtermittel mit nennenswertem Gehalt an Stärke oder Zucker sind verboten. Es darf kein Getreide gefüttert werden, keine Äpfel, keine Möhren, kein trockenes Brot, keine zuckerlastigen Leckerlis. Auch das Mineralfutter muss eine Basis haben, die stärkearm ist. Inwieweit Weidegang möglich ist und in welchem Umfang, das hängt stark davon ab, ob das ECS-Pferd auch von Hufrehe betroffen ist. Wenn stark übergewichtige Pferde ins ECS rutschen, dann ist die Hufrehe oft ein zentrales Problem. In diesen Fällen ist Weidegang ausgeschlossen zumindest bis das Übergewicht abgebaut ist. Das ist oft sehr schwierig, denn Bewegung ist für die Normalisierung des Stoffwechsels unbedingt erforderlich, aber die sehr schmerzhafte Hufrehe schließt Bewegung aus. Hier kommt der Schmerztherapie, der Hufbearbeitung, geeigneten Hufschuhen oder eventuell einem Spezialbeschlag eine wichtige Rolle zu.

Hinzu kommt bei der Fütterung die eventuell vorliegende Magenschleimhautentzündung. Sie erfordert ebenfalls eine zucker- und stärkearme Ernährung. Warum das so ist, welche Symptome auf Magenschmerzen hinweisen und welche Kräuter bei diesen Pferden weiterhelfen können, darauf wird im Kapitel zu den Magenerkrankungen ab Seite 152 im Detail eingegangen.

Auch Pferde mit ECS brauchen in erster Linie Heu, am besten zur freien Verfügung

Die Basis einer Fütterung von Pferden mit ECS ist Heu. Es muss unbedingt ein später erster Schnitt sein. Es muss zuckerarmes, stärkearmes Heu sein. Das ergibt sich entweder durch das Wetter bei der Ernte, oder man muss das Heu wie für EMS-Pferde (siehe Seite 129) ein bis drei Stunden waschen. Viele ECS-Pferde haben kein Übergewicht. Sie sind eher rippig und haben eventuell parallel Fettpolster. Diese Pferde sollen nicht an Gewicht verlieren. Sie müssen die Energiereserven umbauen, aber sie sollen nicht abnehmen. Eine Heurationierung ist dann nicht sinnvoll. Sie brauchen Heu zur freien Verfügung. ECS-Pferde haben ohne medikamentöse Behandlung einen stark erhöhten Proteinbedarf. Unter Therapie müssen sie die Muskulatur wieder aufbauen, die vorher durch die hohen Cortisolspiegel abgebaut wurde. Die Leguminosen Luzerne und Esparsette sowie eventuell auch Sojaextraktionsschrot sind eine Möglichkeit den Eiweißanteil in der Fütterung zu erhöhen. Als Ergänzung der Fütterung bietet sich außerdem Rapsöl an, wenn Heu und Luzerne/ Esparsette zusammen mit der medikamentösen Behandlung nicht genügt, um einen Body Score 3 herzustellen.

Es geht angesichts der hohen Insulinspiegel im Blut parallel um die Aktivierung der Muskelzellen. Nur so lässt sich der Insulinresistenz der Muskelzellen entgegenwirken und wieder Muskulatur aufbauen. Altersgerechtes Training darf daher im Management des ECS nicht fehlen.

Zur Erinnerung *Öle können die Pferdeernährung als Energiequelle ergänzen Für diesen Zweck eignet sich Rapsöl gut, das auch durch einen guten Vitamin E-Gehalt besticht. Die Tagesmenge für ein Großpferd kann nach schrittweiser Gewöhnung bis zu 500 ml betragen. In einer Dosierung von 30 bis 60 ml täglich können andere Öle verwendet werden. Leinöl erweist sich als hervorragender Lieferant für essentielle Fettsäuren. Schwarzkümmelöl ist besonders interessant für die Regulierung des Immunsystems durch seine Kombination von essentiellen Fettsäuren und Zink.*

Bei einer Immunschwäche durch ECS kann die Zufuhr von Vitamin C sinnvoll sein, das reichlich in Hagebutten vorhanden ist

Mineralfutter, essentielle Aminosäuren und Fettsäuren

Da Pferde mit ECS eine erhöhte Schweißneigung haben, muss zwingend ein Salzleckstein zur Verfügung stehen. Das Schwitzen hat dabei eine zentralnervöse Ursache, der Thermostat ist quasi verstellt, es steht also nicht unbedingt in Zusammenhang mit Training. Zusätzlich verlieren ECS-Pferde Mineralstoffe dadurch, dass sie vermehrt Wasser lassen. Der Wahl eines passenden Mineralfutters für Senioren kommt daher eine zentrale Rolle zu. Auch diese älter werdenden Pferde haben unabhängig vom ECS eine schlechtere Aufnahmekapazität vor allem für die Spurenelemente. Organisch gebundene Mineralstoffe erleichtern die Aufnahme und sollten vor allem bei Zink und Selen im Mineralfutter vorhanden sein. Bei erhöhter Infektanfälligkeit gilt dem Spurenelement Zink besondere Aufmerksamkeit bei der Wahl des Mineralfutters. Hochwertige Proteine mit essentiellen Aminosäuren unterstützen die Erholung der Muskulatur unter medikamentöser Therapie. Sie sind im Heu und in Luzerne enthalten, aber das Mineralfutter kann hier eine zusätzliche Ergänzung vor allem mit Lysin sein.

Immunsystem und Haut sowie Fell benötigen außerdem essentielle Fettsäuren und Zink. Schwarzkümmelöl mit seiner immunregulierenden Eigenschaft hat hier einen besonderen Stellenwert. Alternativ kann man auch Leinöl verwenden, das dann mit organisch gebundenem Zink im Mineralfutter kombiniert werden sollte. Beide Öle lassen sich parallel zu Rapsöl einsetzen, wenn dieses zur Fütterung eingesetzt wird. Die Gesamtmenge der Öle pro Tag sollte 500 ml beim Großpferd nicht überschreiten. Gerade bei reiner Heufütterung ist ganzjährig an die Zufuhr von Vitamin A und E zu denken. Auch bei Vitamin D kann sich eine natürliche Lücke auftun, wenn das Pferd überwiegend eingedeckt draußen oder mangels Weidegang womöglich viel im Stall steht.

Bei einer Immunschwäche kann auch die Zufuhr von Vitamin C sinnvoll sein. Eventuell kommt die Leber, die durch die Zuckerverarbeitung belastet ist, mit der Eigenproduktion nicht hinterher. Da Vitamin C wasserlöslich ist, werden Überschüsse mit dem Urin ausgeschieden. Eine Überversorgung ist also unkritisch und schadet lediglich dem Geldbeutel.

Phytotherapie

Zunächst einmal sollten Kräuter, die die Nierenfunktion anregen, nicht gegeben werden, denn die Pferde produzieren ohnehin schon vermehrt Urin. Der oft empfohlene Mönchspfeffer hat durchaus Einfluss auf die Hormonlage. Die Gabe ist daher unbedingt mit dem behandelnden Tierarzt abzustimmen, da es zu Wechselwirkungen mit der medikamentösen Behandlung kommen kann. Alle anderen Kräuter müssen individuell ausgewählt werden. Das ECS stellt sich nicht bei jedem Pferdepatienten gleich dar. Es empfiehlt sich daher eine fachkundige Untersuchung und Beratung durch eine Tierheilpraktikerin oder einen Tierarzt.

AUF EINEN BLICK

» Das Equine Cushing Syndrom ist eine Erkrankung des älteren Pferdes

» PPID bezeichnet die bei weitem häufigste Form des ECS

» Bei PPID steigt der Spiegel des Hormons ACTH durch eine Funktionsstörung der Hirnanhangsdrüse, das lässt sich durch eine Blutuntersuchung feststellen

» Für PPID gibt es eine medikamentöse Behandlung, die vom Tierarzt verordnet wird

» Die Symptome des ECS sind breit gefächert, die individuelle Ausprägung ist sehr unterschiedlich von Pferd zu Pferd

» Entscheidend für die Fütterung sind die beim ECS hormonell bedingten erhöhten Spiegel für Blutzucker und Insulin

» Futtermittel, die viel Stärke und Zucker enthalten, sind beim ECS verboten

» Grundlage der Ernährung ist gutes Pferdeheu als später erster Schnitt

» Luzerne ist eine sinnvolle Ergänzung für den Muskelaufbau unter medikamentöser Behandlung

» Die Gabe von Ölen kann gezielt zur Energiezufuhr, zur Verbesserung des Immunsystems und von Haut und Fell eingesetzt werden

» ECS-Pferde haben eine erhöhte Schweißneigung und brauchen daher unbedingt einen Salzleckstein

» Pferde mit ECS brauchen ein gutes Mineralfutter, vor allem Zink und Selen sollten organisch gebunden sein

» Die Vitamine A und E müssen ganzjährig zugefüttert werden, wenn ein Weidegang nicht möglich ist

» Die Gabe von Vitamin C kann angesichts der Belastung der Leber durch das ECS sinnvoll sein

» Kräuter sollten individuell nach fachkundiger Beratung ausgewählt werden

Hufrehe

Hufrehe ist immer eine Katastrophe, sie ist extrem schmerzhaft und es drohen erhebliche Folgeschäden. Futter spielt gerade hier als Auslöser eine entscheidende Rolle.

Früher war es ganz einfach: die Hufrehe kommt vom Eiweiß im Gras. Diese traditionelle Weisheit hält sich bis heute in vielen Köpfen. Und tatsächlich steht die überwiegende Mehrzahl der Hufreheerkrankungen im Zusammenhang mit Weidegang. Forschungsarbeiten mit Fruktanen haben dann ergeben, dass man damit direkt Hufrehe auslösen kann und so verschob sich der Fokus. Der gefährliche Inhaltsstoff von Gras war fortan Fruktan. Inzwischen ist klar, dass dauerhaft erhöhte Insulinspiegel direkt mit Hufrehe einhergehen. Neue Erkenntnisse machen die Sache also komplexer, nicht einfacher. Um etwas Ordnung hineinzubringen, sollte man sich über die verschiedenen Ursachen der Hufrehe klar werden.

„Hufrehe" ist keine eigenständige Erkrankung ist, sie ist fast immer die Folge eines anderen Geschehens.

Die akute Schmerzbehandlung ist bei der Hufrehe von zentraler Bedeutung. Die Hufbearbeitung, ob mit oder ohne Hufeisen, muss sich der neuen Situation anpassen. Aber nur wer die Ursache identifiziert und erfolgreich behandelt, kann die Hufrehe auf Dauer beherrschen. Sonst kommt sie immer wieder und führt deshalb dann oft dazu, dass das Pferd durch Einschläfern von seinen wiederkehrenden Schmerzen erlöst werden muss.

Die Liste der möglichen Ursachen ist vielfältig:

- Equines Metabolisches Syndrom (EMS)
- Equines Cushing Syndrom (ECS)
- Aufnahme großer Mengen wasserlöslicher Kohlenhydrate
- Vergiftungen durch äußere Faktoren
- Vergiftungen durch innere Faktoren
- Darmentzündungen, Koliken
- mechanische Ursachen
- andere Ursachen

EMS und ECS

Die bei weitem größte Gruppe der Pferde mit Hufrehe umfasst jene, die aufgrund von EMS oder ECS erhöhte Insulinspiegel haben. Diese stehen nachweislich in direktem Zusammenhang mit Hufrehe. Typischerweise handelt es sich hier um übergewichtige oder um ältere Pferde, die oft eine jahrelange schleichende Hufrehe haben, bevor es zu größeren Schüben kommt. Insulinspiegel

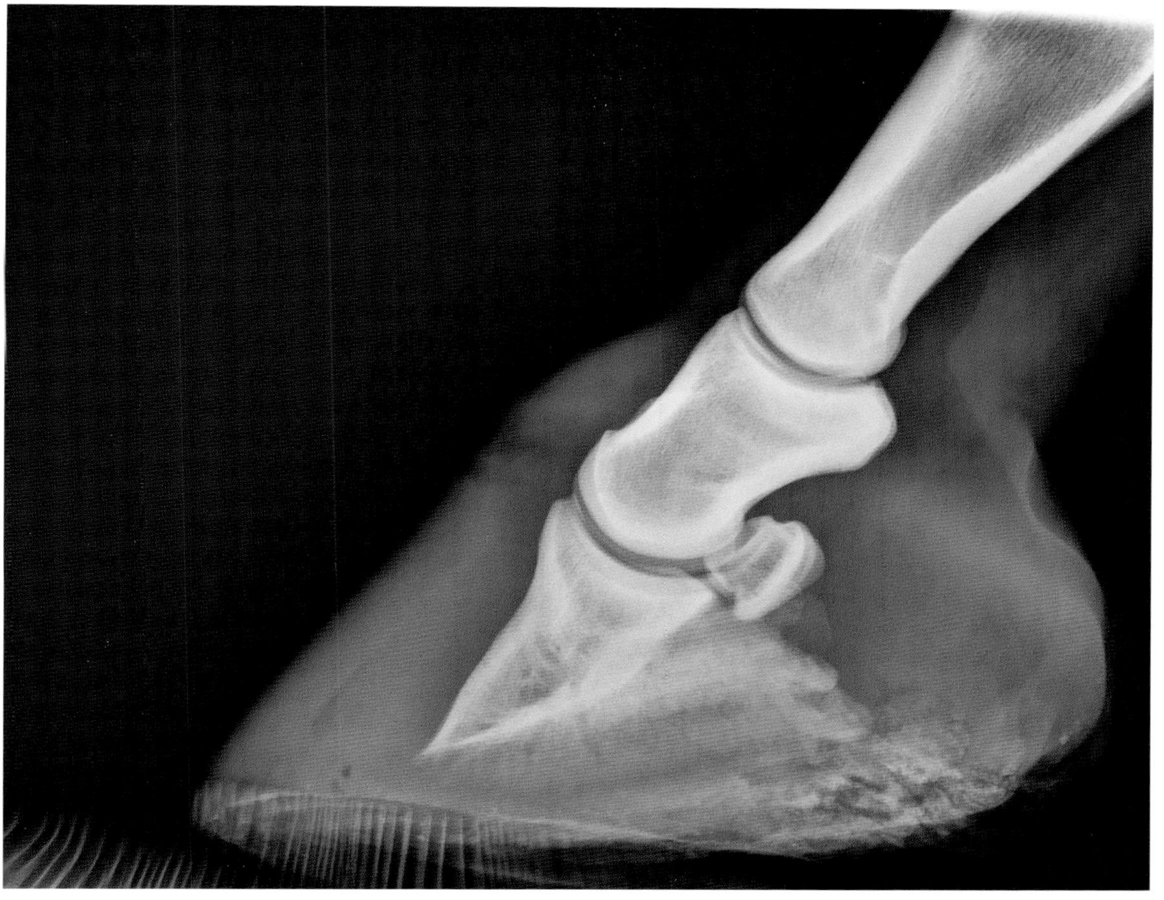

Hufrehe kann zu gefürchteten Folgeschäden wie Hufbeinrotation und Hufbeinsenkung führen

lassen sich im Blut bestimmen, bei jeglichem Verdacht in diese Richtung sollte dieser Laborwert also bestimmt werden. Handelt es sich um ein Pferd ab 12 Jahren, dann gehört zur Untersuchung auch der Blick auf ein mögliches ECS. Der kleinste Hinweis darauf im Erscheinungsbild oder Verhalten sollte Anlass sein, den ACTH-Spiegel ebenfalls auszuwerten.

Auslöser von Hufreheschüben ist bei solchen Pferden oft der Weidegang. Gras enthält neben dem strukturellen Kohlenhydrat Cellulose vor allem die wasserlöslichen Kohlenhydrate Zucker, Stärke und Fruktane. Zucker und Stärke erhöhen direkt den Blutzucker, führen so zu noch mehr Insulinproduktion. Fruktane stören die Verdauung im Blinddarm. Das Zusammenspiel dieser Prozesse mit der veränderten metabolischen Lage, die durch das EMS oder das ECS besteht, führt dann auf direktem Weg ins Desaster. Das macht deutlich, dass der Entzug von Weidegang hier nur der Anfang der Lösung sein kann. Die zugrunde liegenden Erkrankungen EMS und ECS müssen unbedingt behandelt werden. EMS-Pferde müssen abspecken, die hormonelle Ausnahmesituation der ECS-Pferde muss therapiert werden. Bei erfolgreicher Behandlung kann der Insulinspiegel in manchen Fällen so weit gesenkt werden, dass ein begrenzter Weidegang wieder möglich ist.

In frostigen Nächten wächst das Gras nicht und verbraucht daher weniger Fruktan

Aufnahme großer Mengen wasserlöslicher Kohlenhydrate

Stärke, Zucker und Fruktan sind hier die Übeltäter. Wenn allerdings keine Grunderkrankung im Sinne von EMS oder ECS vorliegt, dann müssen es schon extrem große Mengen sein, damit dieses Trio eigenständig Hufrehe verursacht. Die kann ein Pferd im natürlichen Ablauf bei Heufütterung, Weidegang und sinnvollen Kraftfuttermengen kaum aufnehmen. Das betrifft vor allem auch Fruktan. In den Tierexperimenten, bei denen Hufrehe durch Fruktan ausgelöst wurde, hat man Fruktan pur per Nasenschlundsonde verabreicht. Hier gelangte eine Menge auf einmal in den Magen, die Pferde nur unter extremen Bedingungen auf der Weide im Laufe von 24 Stunden aufnehmen können. Die Hufrehe stand dabei im Zusammenhang mit heftigen Durchfällen, die auf eine komplette Entgleisung der Verdauung hindeuten. Die Aussagekraft dieser Tierversuche mit Fruktan für das normale Leben eines Pferdes ist begrenzt. Jedes Gras, jedes Heu enthält immer auch Fruktan. Ein gesundes Pferd verträgt die unter natürlichen Bedingungen aufgenommenen Mengen.

Vergiftungen durch äußere Faktoren

Jegliche Form der Vergiftung, ob durch giftige Futterbestandteile, Medikamente oder durch innere Prozesse kann zur Hufrehe führen. Äußere Faktoren im Futter können Giftpflanzen sein oder beispielsweise eine Vergiftung durch Botulinustoxin bei Heulagefütterung (siehe Seite 23). Hufrehe kann auch als Nebenwirkung einiger Medikamente auftreten, die der Tierarzt dann umgehend absetzt.

Vergiftungen durch innere Faktoren

Eine Hufrehe durch innere Vergiftung kann beispielsweise beim Nieren- oder Leberversagen entstehen. Schon der teilweise Ausfall der körpereigenen Entgiftungsorgane ist ein erhebliches Problem und die damit verbundene Hufrehe kündigt dann eventuell nur das letztlich tödliche Komplettversagen an. Die Nachtgeburtsrehe ist ebenfalls eine Form der Vergiftungsrehe. Wenn die Nachgeburt nicht vollständig abgeht, stirbt sie in der Gebärmutter ab und es gelangen giftige Abbauprodukte in den Körper.

Bei Infektionserkrankungen kann es zu den unterschiedlichsten Prozessen kommen, die toxische Substanzen in den Körperkreislauf schleusen. Das können Abszesse sein, die in den Körper durchbrechen, absterbendes Gewebe durch bakterielle oder virale Infekte, eine vorübergehende Beeinträchtigung der Nieren- oder Leberfunktion und anderes mehr. Diese Toxine können ebenfalls Ursache einer Hufrehe sein.

Darmentzündungen, Koliken

Die Darmbarriere wurde beim Thema Entgiftung ab Seite 118 bereits angesprochen. Sie verhindert die Aufnahme schädlicher Stoffe in den Körper. Darmentzündungen, wie sie beispielsweise durch die Larvenauswanderung der Kleinen Strongyliden entstehen können, schwächen genau diese Barriere. So gelangen Toxine ins Blut, die normalerweise im Darm bleiben würden. Unter dem Strich ist auch diese Form der Hufrehe letztlich eine Form der Vergiftung. Alle Formen der akuten Kolik können die Darmbarriere beschädigen und so begleitend eine Hufrehe verursachen.

Mechanische Ursachen

Wenn Pferde ein Bein komplett entlasten, dann entsteht durch den massiven Dauerdruck auf dem Huf der Gegenseite eine Belastungsrehe. Das geht schneller als man denkt. Schon nach wenigen Tagen einer dreibeinigen Phase beispielsweise bei einem Hufabszess kann es zu entzündlichen Prozessen im eigentlich gesunden Huf kommen. Eine Schmerzbehandlung am ursprünglich erkrankten Bein ist also nicht nur aus Gründen des Tierschutzes ausgesprochen sinnvoll. Wenn das schmerzhafte Bein aufgrund der Versorgung wieder etwas belastet werden kann, schützt das auch den gesunden Huf auf der anderen Seite.

Oft weniger deutlich ist der Einfluss von Hufbearbeitung auf die Belastung der Wände. Eine ambitionierte „Korrektur" eines Bockhufes beispielsweise kann die Zehenwand einem derartigen Stress aussetzen, dass es zur schleichenden Hufrehe kommt, die oft unterschätzt wird. Eine gute Hufbearbeitung passt sich der Abnutzung des Hufs beziehungsweise des Hufeisens an und berücksichtigt die vorhandene Stellung der Gliedmaßen. Bei einem ausgewachsenen Pferd anatomische Besonderheiten über den Huf zu korrigieren, ist nur in einzelnen Ausnahmefällen und nach tierärztlicher Anweisung eine gute Idee.

Unter die mechanischen Ursachen fällt auch jene Hufrehe, die man als Marschrehe bezeichnet. Normale Freizeitpferde werden in aller Regel nicht so belastet, dass das ein Thema wäre.

Andere Ursachen

Diese Liste ist keineswegs vollständig. Meint man, eine Ursache identifiziert zu haben und kann diese abstellen, so muss das auch

Weidegang ist oft der Auslöser von Hufreheschüben, gefährdete Pferde und Ponys sind auf kurzen Weiden oder bei reiner Heufütterung besser aufgehoben als auf üppigen Wiesen

innerhalb weniger Tage zu einer sichtbaren Besserung der Hufrehe führen. Ansonsten ist man auf dem Holzweg und muss unbedingt weitersuchen. Oft sind es Vergiftungen, manchmal auch andere Prozesse, die zu einem Flüssigkeitsaustritt ins Gewebe und damit zur Schwellung führen, was am Huf mit seiner nicht dehnbaren Hufkapsel schnell zum Problem führt. Fachkundiger Rat, detektivisches Gespür und Hartnäckigkeit, die sich nicht mit einfachen Erklärungen zufriedengibt, sind der Schlüssel zur Lösung solcher Fälle, die nicht in das Schema F passen.

Fütterung bei Hufrehe

Der Entzug des Weidegangs und die Umstellung auf reine Heufütterung ist in der akuten Phase zunächst geboten. Das ergibt sich schon allein daraus, dass ein akut schmerzhaftes Pferd sich nicht auf der Weide bewegen sollte. Gras ist zudem ein häufiger Auslöser der Hufrehe. Erst wenn die Ursache der Hufrehe klar ist, kann man über eine Gabe von mehr als Heu und Mineralfutter wieder nachdenken.

Die akute Hufrehe ist immer ein Fall für eine tiermedizinische Behandlung und kompetentes Hufmanagement.

AUF EINEN BLICK

- Hufrehe kann viele verschiedene Ursachen haben
- Die häufigste Ursache ist der erhöhte Insulinspiegel beim EMS und ECS, der in direktem Zusammenhang mit der Hufrehe steht
- Auslöser der Hufrehe bei EMS oder ECS ist oft der Weidegang, durch den Zucker, Stärke und Fruktane in den Körper gelangen
- Sehr große Mengen von Zucker, Stärke und Fruktanen können auch bei gesunden Pferden eigenständig Hufrehe auslösen
- Vergiftungen durch äußere Faktoren wie Giftpflanzen oder Medikamente können zu Hufrehe führen
- Vergiftungen durch innere Faktoren sind ebenfalls mögliche Ursachen der Hufrehe, beispielsweise durch
  - Funktionsstörungen der Entgiftungsorgane Leber und Niere
  - Nachgeburtsverhalten
  - Infektionserkrankungen
- Eine Schwächung der Darmbarriere durch Darmentzündungen beziehungsweise akute Kolik kann durch die vermehrte Aufnahme von schädlichen Stoffen ebenfalls Hufrehe verursachen
- Die Belastungsrehe, die Marschrehe und unsachgemäße Hufbearbeitung gehören zu den mechanischen Ursachen einer Hufrehe
- Ist die richtige Ursache identifiziert und abgestellt, müssen sich die Symptome der Hufrehe zügig bessern
- Bei akuter Hufrehe muss die Fütterung auf Heu und Mineralfutter reduziert werden
- Die akute Hufrehe ist ein tiermedizinischer Notfall
- Das weitere Vorgehen in der Fütterung und Therapie der Hufrehe hängt direkt von der Ursache ab und muss individuell entschieden werden

EOTRH

Vor allem die Schneidezähne sind schwer beschädigt und müssen oft entfernt werden. Das hat Folgen für die Fütterung.

Die Erkrankung

EOTRH steht für Equine Odontoclastic Tooth Resorption and Hypercementosis. Die Erkrankung betrifft zunächst die Schneidezähne und beginnt im Oberkiefer. Sie schreitet jedoch fort, greift dann auch auf den Unterkiefer und manchmal auf die Eckzähne über. Betroffene Backenzähne sind möglich, stellen jedoch eine sehr seltene Ausnahme dar. Die Zähne des Pferdes („equine“) lösen sich bei dieser Erkrankung von der Wurzel her auf („odontoclastic tooth resorption“), der Grund ist unklar. Als Notreparatur baut der Körper dann jede Menge Zahnzement („hypercementosis“) an die Zahnwurzeln. Das macht die Zähne dort klobig. Durch den entzündlichen Prozess wird der Zahnhalteapparat zerstört, die Schneidezähne werden also auch locker. Eine gezielte pferdezahnärztliche Bearbeitung kann den Verlauf der Erkrankung bremsen. Am Ende stehen allerdings meist extreme Schmerzen. In dieser Situation fressen die Pferde zunehmend weniger und magern entsprechend ab. Der einzige Ausweg ist dann oft das Ziehen der Schneidezähne.

Den Pferden fehlen dann also zwölf Zähne. Wie auf Seite 74 erläutert, haben Pferde je Kieferquadrant drei Schneidezähne. Glücklicherweise haben die eine begrenzte Funktion. Pferde nutzen sie zum Abrupfen des Grünfutters. Nützlich sind sie auch für das Zupfen von Heu aus Heunetzen. Den Hauptanteil der Kauarbeit übernehmen im Maul die Backenzähne. Sie zermahlen die pflanzliche Nahrung so, dass sie im Magen und Darm verdaut werden kann. Eine zahnärztliche Kontrolle muss immer wieder absichern, dass nicht auch Backenzähne betroffen sind. In diesen eher seltenen Fällen muss die Fütterung dann umgestellt werden von Heu auf Heucobs. Es ergeben sich dann die Anforderungen für die Fütterung von Pferden mit den Zahnproblemen eines alten Pferdes, wie sie ausführlich ab Seite 122 dargestellt sind.

Zurück zum häufigen Erscheinungsbild von EOTRH, bei dem nur die Schneidezähne und eventuell die Eckzähne betroffen sind. Da die auch Hengstzähne genannten Eckzähne für die Pferdeernährung voll entbehrlich sind (siehe Seite 74), sind es die fehlenden Schneidezähne, die die Fütterung verändern. Nach Entfernen der Schneidezähne übernehmen die muskulösen und geschickten Lippen des Pferdes die wesentlichen Aufgaben bis auf eine. Sie halten die Zunge oft nicht dauerhaft zurück, sie hängt bei Pferden ohne Schneidezähne meist heraus.

Wegen der fehlenden Schneidezähne hängt oft die Zunge raus, wenn die Pferde entspannt sind

Für Pferde ohne Schneidezähne sollte das Gras auf der Weide möglichst lang sein, 35 cm oder mehr sind ideal

Fütterung

Von den Funktionen der Schneidezähne bei der Aufnahme von Heu und Gras leitet sich die Fütterung ab. Heu aus Heunetzen ist tabu. Die Pferde müssen die Heuhalme leicht mit den Lippen aufnehmen können. Sie beißen zwar durchaus auch „mit der Felge" ins Heu, aber der Schluss der Kiefer ist nicht so eng wie mit Schneidezähnen, sie können damit nicht so fest zupacken. Natürlich ist auch bei diesen Patienten die Fütterung mit Heu die Grundlage jeder guten Ernährung. Daher darf sie durch Heunetze nicht unnötig erschwert werden. In den meisten Fällen handelt es sich außerdem um Pferde fortgeschrittenen Alters, die oft ohnehin schon durch andere gesundheitliche Probleme an Gewicht verlieren. Für den Weidegang bedeutet die eingeschränkte oder fehlende Funktion der Schneidezähne, dass das Gras nicht zu kurz sein darf. Ohne Schneidezähne muss das Pferd das Gras mit den Lippen aufnehmen oder mit dem blanken Kiefer abreißen. Ein guter oder reichlicher Bewuchs der Weide mit 35 cm oder mehr Aufwuchs ist ideal. Ist das Gras kürzer, müssen die EOTRH-Pferde unbedingt Zugang zu Heu haben, damit sie Defizite in der Grasaufnahme ausgleichen können. Durch das verfügbare Heu muss unbedingt vermieden werden, dass diese Pferde auf der Weide aus Hunger zu gierig fressen. Sie neigen dann dazu, das aufgenommene Gras ohne genügende Kautätigkeit direkt zu schlucken. Dadurch ist die Gefahr einer Schlundverstopfung sehr hoch. Wegen der fehlenden Schneidezähne ist es für ein Pferd auch schwieriger, manche Kräuter aufzunehmen. Zu denken wäre da beispielsweise an Löwenzahn, wenn er recht klein geraten ist.

Keine Heunetze, reichlicher Bewuchs der Weide, das ist in einer Gruppenhaltung oft nicht ganz einfach umzusetzen. Pferde mit EOTRH zusammen mit dicken Pferden zu halten, zwingt zu Kompromissen, die letztlich zulasten des EMS-Pferdes gehen müssen. Es ist nicht zu vertreten, das EOTRH-Pferd in der Aufnahme von Heu und Gras zu begrenzen und dann zu versuchen, diese Lücke mit Zusatzfutter zu füllen. Auch Pferde mit EOTRH brauchen eine kontinuierliche Futteraufnahme, um ihren Verdauungstrakt dauerhaft und stabil auszulasten. Der beste Ausgleich in dieser Gruppenkonstellation besteht in straffem Training für das Pferd mit EMS.

Kraftfutter können Pferde weitgehend problemlos mit den Lippen aufnehmen, das machen sie ohnehin so. Nur wenige sehr gierige Pferde beißen in das Kraftfutter in der Futterkrippe oder Futterschüssel. Notwendig ist das nicht. EOTRH hat also auf diesen Teil der Ernährung keinen Einfluss. Allerdings darf Kraftfutter eine Ernährung mit Heu niemals ersetzen. Kein Hafer, kein Müsli gewährleistet die kontinuierliche Zufuhr struktureller Kohlenhydrate, die im Blinddarm verdaut werden und den Darm insgesamt stabilisieren.

Und selbstverständlich darf bei der Ernährung von Pferden mit EOTRH ein Mineralfutter nicht fehlen. Es sollte an die Grundernährung und eventuelle andere körperliche Anforderungen des älter werdenden Pferdes angepasst sein. EOTRH bedingt nach gegenwärtigem Kenntnisstand keinen besonderen Bedarf, Mineralstoffe scheinen auf Entstehung und Verlauf der Erkrankung keinen Einfluss zu haben. Es muss lediglich darauf geachtet werden, Vitamin A und E auch im Sommer zu ergänzen, wenn das Gras nicht hoch genug steht.

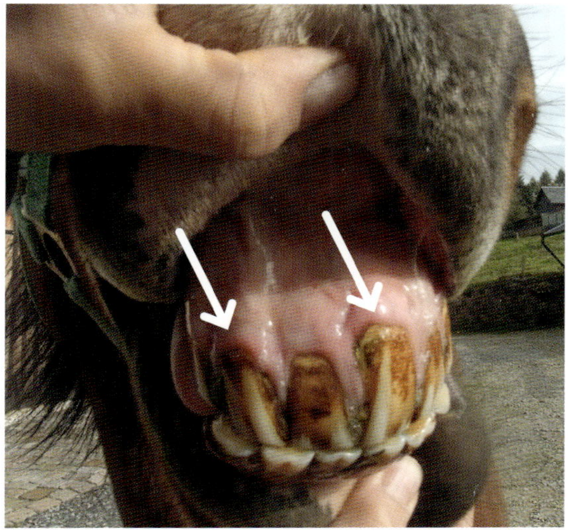

Klobige Zahnwurzeln und entzündetes Zahnfleisch führen zu erheblichen Schmerzen bei EOTRH

AUF EINEN BLICK

- EOTRH beschädigt vor allem die Schneidezähne, die in der Folge oft entfernt werden müssen
- Schneidezähne nutzt ein Pferd zum Abrupfen von Gras und Kräutern auf der Weide und zum Zupfen von Heu aus Heunetzen
- Heu muss daher immer ohne Heunetz gefüttert werden
- Weiden müssen einen guten bis reichlichen Bewuchs von mindestens 35 cm haben oder müssen mit Heu ergänzt werden
- Heu ist auch beim Pferd mit EOTRH die wichtigste Futtergrundlage
- Bei geringem Bewuchs der Weide müssen die Vitamine A und E auch im Sommer ergänzt werden
- Ein Einfluss der Mineralversorgung auf EOTRH wurde bisher nicht gezeigt

Das magenkranke Pferd

Pferde sind sensible Wesen und daher ist es kein Wunder, dass Stress oft zu Magenschleimhautentzündung bis hin zum Magengeschwür führt. Eine gezielte Fütterung kann die Heilung unterstützen.

Der Pferdemagen

Um den Zusammenhang zwischen Magenschleimhautentzündung und der Fütterung zu verstehen, lohnt sich ein Blick zurück auf einige der Besonderheiten des Pferdemagens. Er ist einhöhlig, es gibt also keinen Pansen, Blättermagen und so weiter wie bei einem Wiederkäuer. Aber der Pferdemagen ist in zwei Abschnitte geteilt, die nur durch eine Schleimhautfalte voneinander getrennt sind. Und genau das macht den Magen so anfällig. Der vordere Teil, den der Futterbrei zuerst erreicht, ist nicht sauer wie der Magen eines Allesfressers wie dem Menschen, sondern er ist neutral. Hier wohnen Mikroorganismen. Diese Magenflora leistet bereits eine gewisse Verdauungsarbeit, bevor der Futterbrei dann weiter rutscht in den zunehmend sauren Teil. Nur in diesem zweiten Abschnitt ist die Magenschleimhaut gegen die dort auch produzierte Magensäure geschützt.

Probleme entstehen, wenn die ganze Angelegenheit saurer wird als vorgesehen. Dann wird der Futterbrei sehr schnell saurer bei der Passage vom ersten zum zweiten Abschnitt. Am Ende kann dieser angesäuerte Futterbrei dann im Magen so hoch stehen, dass die Magenschleimhaut im Übergangsbereich, die nicht ausreichend gegen die Säure geschützt ist, angegriffen wird. Das kann durch zusätzliche Magensäureproduktion im Rahmen von Stress passieren. Saurer wird der Futterbrei auch, wenn die Magenflora des ersten Abschnitts Säure produziert. Und da trifft man wieder auf Laktobazillen, die Milchsäurebakterien. Werden sie mit größeren Mengen an Zucker oder Stärke versorgt, dann produzieren sie die namensgebende Milchsäure und machen den Teil des Magens, der eigentlich neutral sein soll, saurer. Das macht sich dann vor allem in der Übergangszone zwischen neutralem und saurem Teil bemerkbar. Kommt der Futterbrei dort schon angesäuert an, wird er zu schnell richtig sauer und es kommt zu Schäden an der Magenschleimhaut kurz bevor der säuregeschützte Abschnitt beginnt.

Genau dort, am Übergang zwischen neutralem und saurem Teil des Magens kommt es auf der neutralen Seite zu Magenschleimhautentzündung bis hin zu Magengeschwüren. Das ist alles sehr schmerzhaft. Magengeschwüre können letztlich durchbrechen, was praktisch immer für das Pferd tödlich ist.

Kamillenblüten beruhigen den Magen und werden von den Pferden meist gern gefressen

Gefahr droht durch den deutlich zu sauren Futterbrei auch im Dünndarm. Dort gelingt die Neutralisierung nicht schnell genug. Reizungen der Dünndarmschleimhaut sind die Folge. Es können Dünndarmgeschwüre entstehen, die ebenfalls durchbrechen können. Außerdem kann eine entzündete Darmschleimhaut zu Koliken bis hin zu Darmverschlingungen führen. Durch einen übersäuerten Magen droht dem Pferd auf Dauer also erhebliche Gefahr, außerdem ist die Angelegenheit sehr schmerzhaft.

Ursachen einer Magenschleimhautentzündung

Stress steht ganz oben, wenn es um die Ursachen der Magenschleimhautentzündung beim Pferd geht. Das kann Turnierstress sein, aber auch zum Beispiel Stress in der Herde oder Überforderung durch Aufgaben im Training oder im sonstigen Einsatz beispielsweise als Therapiepferd. Manche Medikamente sind eine weitere häufige Ursache, weshalb Tierärzte oft parallel ein Arzneimittel zum Magenschutz verordnen. Bei der Fütterung kann man ebenfalls viel falsch machen und so Magenprobleme provozieren. Zu lange Futterpausen, saures oder verschimmeltes Futter wie Heulage sind vermeidbare Faktoren, auch sehr große Mengen von Zucker und Stärke im Futter sind nichts für empfindliche Pferde.

Außerdem können Magenschleimhautentzündungen begleitend bei einigen Erkrankungen auftreten, beispielsweise bei manchen Infektionen, bei Equinem Cushing Syndrom und bei chronischer Niereninsuffizienz. Und die Magendasseln als Verursacher von Magenproblemen sind auch nicht zu vergessen. Sie wurden ab Seite 84 besprochen.

Magenschleimhautentzündung erkennen

Ein Pferd mit einer Magenschleimhautentzündung

- frisst weniger
- frisst Krippenfutter oft nur in Etappen
- ist insgesamt eher mager
- gähnt häufig
- knirscht eventuell mit den Zähnen
- zeigt ein Schmerzgesicht
- hat Gurtzwang
- hat manchmal schlechten Maulgeruch

- hat oft Kotwasser
- neigt zu wiederholter Kolik
- hat schlechtes Hufhorn

Diese Auffälligkeiten sollten immer Anlass für eine Untersuchung durch eine fachkundige Person sein. Die Akupunktur kennt Alarmpunkte für Magenprobleme, die Schulmedizin erlaubt im Zweifel einen endoskopischen Blick in den Magen.

Magenschutz durch gezielte Fütterung

Dieses Vorgehen empfiehlt sich für erkrankte Pferde ebenso wie für stark gefährdete Seelchen. Die Laktobazillen in der Magenflora sind Verursacher oder Verstärker von Säureproblemen im Pferdemagen. Sie verarbeiten bevorzugt Zucker und Stärke zu Milchsäure, also sollte der Anteil dieser leicht verdaulichen Kohlenhydrate im Futter möglichst gering gehalten werden. Getreide, Äpfel, Möhren, trockenes Brot, all das hat auf dem Futterplan eines magenkranken oder magenempfindlichen Pferdes nichts verloren. Es ist langweilig, aber auch ein magenkrankes Pferd braucht in erster Linie Heu. Die kontinuierliche Füllung des Magens durch Raufutter sorgt dafür, dass die Säure dort gehalten wird, wo der Magen dagegen geschützt ist, nämlich im zweiten Magenabschnitt. Heu enthält daneben als Energieträger in erster Linie strukturelle Kohlenhydrate wie Cellulose, die nicht zu Milchsäure abgebaut werden. Es ist auch etwas Stärke und Zucker drin, aber Heu enthält im Vergleich zu Getreide wenig von diesen Leckereien für die Laktobazillen, darauf ist das System eingerichtet. Laktobazillen gehören zur Magenflora durchaus dazu, sie werden dann zum Problem, wenn sie überhand nehmen. Ähnlich sieht es auch mit Weidegang aus. Magenkranke Pferde profitieren in der Regel davon. Das liegt an mehreren Faktoren. Der Gehalt an Zucker und Stärke im Grünfutter ist natürlich immer noch deutlich geringer als in Hafer. Und Weidegang entstresst in aller Regel deutlich. Etwas anders muss man das sehen, wenn eine Grunderkrankung wie ECS vorliegt. Dann sind andere Themen wie Hufrehe Teil der Überlegungen, wie bereits ab Seite 136 beim ECS besprochen.

Öl liefert Energie und ist für die Laktobazillen keine Ausgangsbasis für Milchsäureproduktion. Die Verträglichkeit bei magenkranken Pferden ist allerdings individuell unterschiedlich, die Gabe muss daher sehr behutsam gesteigert werden. Statt wie auf Seite 51 beschrieben mit 50 ml zu beginnen, empfiehlt sich bei einem Großpferd eine Steigerung ausgehend von 25 ml und dann in 25 ml-Schritten alle 2–3 Tage. Es bietet sich an, diese Steigerung mit Leinöl zu beginnen, denn es unterstützt die Magenschleimhaut bei der Regeneration. Auf 50 ml Leinöl aufbauend kann dann mit Rapsöl die Fütterung weiter gesteigert werden. Die maximale Tagesmenge von 500 ml Öl für ein Großpferd sollte natürlich auch hier nicht überschritten werden. Auch Luzerne oder Esparsette sind eine gute Ergänzung. Wegen der harten Fasern ist unbedingt zu kontrollieren, dass die Zähne des Pferdes in Ordnung sind. Sonst können die Fasern die geschädigte Magenschleimhaut verletzen. In jedem Fall muss darauf geachtet werden, dass das Produkt nicht melassiert ist. Denn Melasse würde wieder Zucker für die Laktobazillen liefern.

Eingeweichtes Futter, also jegliche Cobs oder auch das beliebte Mash, sind für das magenkranke Pferd oft unangenehm. Das große Volumen der Mahlzeit schmerzt im gereizten Magen, daher rührt auch das portionsweise Fressen des Krippenfutters generell. Mash ist ein Futter bei Verstopfungsneigung und wird ab Seite 162 besprochen. Magenkranke Pferde haben oft eher weichen Kot.

Ein genauer Blick muss auch dem Mineralfutter gelten. Zucker- und stärkearm muss es sein. Schön ist es, wenn Zink organisch gebunden ist, denn dieses Spurenelement wird für die Regeneration der Schleimhaut benötigt. Vitamin A ist ebenfalls wichtig für Schleimhäute und darf außerhalb der Grünsaison im Mineralfutter nicht fehlen. Ansonsten gibt es für Mineralstoffe und Vitamine beim magenkranken Pferd keine besonderen Anforderungen.

Kräuter bei Magenerkrankungen

Zu nennen wären vor allem Kamille. Ihr ätherisches Öl wirkt beruhigend auf den Magen. Bereitet man einen Tee mit heißem Wasser zu, verflüchtigt sich davon ein großer Teil. Viel sinnvoller ist es, die Kamillenblüten direkt zu füttern. Pferde sind Pflanzenfresser und gewöhnlich fressen sie Kamille sehr gerne. Es kann anfangs eine gute Idee sein, die Blüten etwas anzufeuchten, denn sie sind sehr leicht und fliegen schnell davon, wenn ein Pferd erst einmal neugierig in die Futterschüssel pustet.

Zu jeder Therapie gehört neben der Fütterung und Kräutern auch das Beseitigen der Ursache. Stress muss vermieden werden, Grunderkrankungen müssen behandelt werden. Da es eine wirksame medikamentöse Therapie für Magengeschwüre gibt, sollte nicht auf Dauer mit angepasster Fütterung und Kräutern experimentiert werden. Wenn die Symptome auf diesem Weg nicht verschwinden, muss eine tierärztliche Therapie veranlasst werden.

AUF EINEN BLICK

- » Ursache für Magenschleimhautentzündung beim Pferd ist häufig Stress
- » Der Pferdemagen ist durch seine Aufteilung in nur schlecht abgetrennte zwei Abschnitte anfällig für Probleme durch Übersäuerung
- » Oft erlauben schon die typischen Symptome eine Verdachtsdiagnose
- » Laktobazillen in der Magenflora können durch Milchsäureproduktion die Probleme verursachen und verstärken
- » Die Fütterung muss daher zucker- und stärkearm sein
- » Getreide, Äpfel, Möhren, trockenes Brot, zuckerhaltige Leckerlis, melassierte Produkte sind verboten
- » Gutes Pferdeheu ist die wichtigste Futtergrundlage
- » Weidegang hilft den meisten magenkranken Pferden
- » Luzerne kann den Futterplan ergänzen, wenn das Pferd gute Zähne hat
- » Öl muss behutsam gesteigert werden
- » Leinöl, Zink und Vitamin A unterstützen die Regeneration der Schleimhaut
- » Kamillenblüten beruhigen den Magen

Die Darmflora: Von Kotwasser und Durchfall bis Kryptopyrrolurie (KPU)

Die Mikroorganismen im Darm spielen für die Pferdeverdauung eine zentrale Rolle, ohne diese Helfer kann ein Pferd nicht überleben. Die Darmflora ist eine komplexe Gemeinschaft. Störungen zeigen sich in der Kotkonsistenz sowie in der Nährstoffverwertung.

Die Darmflora

Die Darmflora kommt in diesem Buch immer wieder vor. Sind die Pferde die Hauptdarsteller, dann gebührt diesen Mikroorganismen der Oscar für die besten Nebenrolle. Ohne sie kann ein Pferd die strukturellen Kohlenhydrate im pflanzlichen Futter nicht verwerten. Es würde verhungern, denn seine Verdauungskapazität für leicht verdauliche Kohlenhydrate, Eiweiße und Fette ist gering und reicht für die Ernährung nicht einmal über kurze Zeit.

Die Darmflora baut nicht nur die strukturellen Kohlenhydrate wie Cellulose so ab, dass das Pferd die Abbauprodukte aufnehmen und verwerten kann. Die Darmflora produziert auch wichtige Stoffe, allen voran Vitamin B. Eine gestörte Darmflora führt entsprechend zu einer schlechten Verwertung der Futtermittel und zu einem Mangel an Vitamin B. Die falschen Mikroorganismen im Darm können außerdem Darmentzündungen begünstigen. In der Folge kommt es zu einer Beeinträchtigung der Aufnahme sinnvoller Stoffe und gleichzeitig zu einer Schwächung der Darmbarriere. Der Effekt von Darmentzündungen ist also doppelt. Das Pferd nimmt weniger Nährstoffe und Mineralstoffe auf und gleichzeitig gelangen schädliche Stoffe in den Blutkreislauf, die eine intakte Darmbarriere eigentlich im Darm belassen würde. Und dann gibt es noch eine weitere Konsequenz. Die Darmflora prägt ganz wesentlich das Immunsystem. Entsprechend kann das Immunsystem zu schwach sein oder Allergien zeigen, wenn im Darm die falschen Mikroorganismen wohnen.

Kotwasser kann verschiedene Ursachen haben

Zu den Symptomen einer gestörten Darmflora gehören entsprechend

- Kotwasser
- Durchfall
- schlechte Futterverwertung
- schlechte Aufnahme von Mineralstoffen mit entsprechenden Mangelsymptomen
- mattes Fell
- schlechtes Hufwachstum
- Infektanfälligkeit
- Allergien
- Entzündungsneigung
- Belastung der anderen Entgiftungsorgane Leber, Niere, Haut

Im Verhältnis zu ihrer Bedeutung weiß man noch viel zu wenig über die verschiedenen Bakterien und Einzeller, die in den Dickdarm des Pferdes gehören. Am besten nähert man sich dem Thema auf dem natürlichen Weg, den auch die Pferde nutzen. Sie nehmen die Helfer auf durch das Fressen von Kot ihrer Artgenossen und von schwarzer Erde. In den Pferdeäppeln befinden sich lebende Mikroorganismen aus dem Darm, sie werden auf ihrem Weg nach draußen nicht verdaut. Schwarze Erde ist vor allem reich an Huminsäuren, die die Darmflora stabilisieren.

Deshalb kann man es immer wieder beobachten, dass Pferde mit Kotwasser oder Durchfall gezielt frische Pferdeäppel fressen oder schwarze Erde lecken. Sie zeigen dabei also ein durchaus vernünftiges Verhalten, solange sie nicht zu viel Sand aufnehmen, der sich dann wieder im Blinddarm ansammelt. Zu bedenken ist auch, dass Kotwasser und Durchfall durch eine gestörte Darmflora ebenso verursacht werden können wie durch Wurmbefall oder durch verschiedene Grunderkrankungen wie Magenschleimhautentzündung oder Equines Cushing Syndrom. Es lohnt sich, hier immer wieder eine Gesamtbetrachtung anzustellen.

KPU

KPU steht für Kryptopyrrolurie. Diese Krankheit ist beim Menschen beschrieben. Die Stoffwechselstörung führt beim Menschen zu einem Verlust von aktiviertem Vitamin B6, Zink und Mangan über den Urin. Ob es diese Stoffwechselstörung beim Pferd überhaupt gibt, darüber gehen die Ansichten auseinander. Folgende Symptome werden der KPU beim Pferd zugeschrieben:

- Mangel an Zink, Selen, Mangan und eventuell auch Eisen im Blut, obwohl bedarfsgerecht gefüttert wird.
- Hautkrankheiten wie Mauke oder Sommerekzem
- hartnäckiger, allergischer Husten
- Verdauungsprobleme mit häufigen Koliken, Kotwasser, Blähungen und Durchfällen
- Hufrehe
- Strahlfäule, allgemein schlechtes Hufhorn
- Muskelentzündungen
- Demineralisierung von Zähnen und Knochen
- unklare wiederholte Phasen instabiler Gesundheit
- allgemeine Symptome von Nierenfunktionsstörungen (siehe Seite 126)
- allgemeine Symptome von Leberfunktionsstörungen (siehe Seite 126)

Dieser Strauß von Symptomen macht die klare Diagnose nicht einfacher, denn natürlich gibt es für eine Reihe dieser Anzeichen auch ganz andere mögliche Gründe. Es ist

Weiche Pferdeäppel signalisieren oft eine Störung der Darmflora oder einen hohen Parasitenbefall

durchaus plausibel, dass ein Mangel an Vitamin B zu dieser komplexen Symptomatik wesentlich beiträgt. Die Symptome, die der KPU zugeschrieben werden, und jene, die durch eine gestörte Darmflora entstehen, sind sich sehr ähnlich. Und das betrifft auch die Folgen für die Fütterung. Es muss das Ziel sein, die Darmflora zu optimieren. Wie ab Seite 62 beschrieben produziert die Darmflora die notwendigen B-Vitamine und der dauerhafte Ausgleich eventueller zusätzlicher Verluste bei KPU gelingt am besten durch eine gesunde und stabile Darmflora. Auch die Aufnahme von Mineralstoffen wird verbessert, wenn die Darmflora fit ist und Darmentzündungen verhindert.

Einen Zinkmangel kann man im Blut feststellen. Wegen der ab Seite 59 näher beschriebenen Effekte auf Kupfer und Eisen sollte man Zink nur nach Blutbildkontrolle über das übliche Maß hinaus ergänzen. Ein Standardmineralfutter mit organisch gebundenem Zink genügt für eine Grundversorgung. Mangan hat ebenfalls Wechselwirkungen, wie ab Seite 60 beschrieben. Mangan behindert die Aufnahme von Eisen und Calcium in den Körper. In hohen Mengen ist es giftig. Zusätzliche Gaben zum Mineralfutter können also kritisch werden und den eventuellen Eisenmangel bei KPU noch verstärken. Im Zentrum der KPU-Behandlung sollte die Sanierung der Darmflora stehen.

Verbesserung der Darmflora

So richtig schlimm ist es nicht, dass man nicht exakt weiß, welche Mikroorganismen beim jeweiligen Pferd eventuell fehlen und in welchen Mengenverhältnissen die Gemeinschaft zusammengesetzt ist. Es wäre ohnehin sinnlos, diese Bakterien in irgendwie genau berechneten Mengen zuzufüttern. Das sind keine Krümel, das sind Organismen, die sich vermehren oder eben auch nicht. Man muss also vor allem die richtigen Lebens bedingungen schaffen, damit sich die passenden Mikroorganismen wohlfühlen und so dauerhaft in ausreichender Anzahl ansiedeln. Futterergänzungsmittel mit Huminsäuren können als kurzzeitige Gabe solch eine Wohlfühlumgebung begünstigen und bei der Stabilisierung der Darmflora helfen.

Um die Darmflora neu anzuimpfen, kann es durchaus sinnvoll sein, die Pferdeäppel eines darmgesunden Pferdes in Wasser aufzulösen, zu filtrieren und diese Flüssigkeit dem Pferd per Maulspritze zu verabreichen. Letztlich imitiert dies das Kotfressen. Die enthaltenen Mikroorganismen siedeln sich zunächst im Magen an. Wenn sie sich dort gut etablieren konnten, rutschen sie mit dem Futterbrei auch durch den sauren Teil des Magens hindurch und gelangen so schließlich in den Dickdarm. Am besten ist es, hierfür einen Äppelspender aus der gleichen Herde zu nehmen, denn dessen Darmflora ist optimal an die herrschenden Bedingungen angepasst. Kennzeichen eines Pferdes mit guter Darmflora sind dauerhaft gut geformte und glänzende Pferdeäppel, glänzendes Fell, gesunde Hufe, Body Score 3, keine Infektanfälligkeit, keine Wurmeier im Kot. Im Zweifel sollte man die Auswahl einer fachkundigen Person überlassen.

Wichtig ist dann, dass die Mikroorganismen auch das passende Nährmedium vorfinden. Nur dann können sie sich durchsetzen und dauerhaft fußfassen. Es ist also sinnlos, einem Pferd Bakterienmischungen zu verabreichen und ansonsten alles beim Alten zu belassen. Die Fütterung muss insgesamt so gestaltet werden, dass die Darmflora eine faire Chance bekommt. Die guten Bewohner sollen sich vermehren und die ungewünschten zurückdrängen. Und bei der passenden Fütterung landet man wieder beim Heu und seinen strukturellen Kohlenhydraten. Ohne eine korrekte heubasierte Fütterung kann keine gesunde Darmflora bestehen.

Störfaktoren sollten minimiert werden. So muss die Verdauungskapazität für Stärke berücksichtigt werden, damit keine unverdaute Stärke im Blinddarm ankommt. Das bedeutet auch, dass schwer verdauliche Bestandteile des Futters vermieden werden sollten. Hier wäre beispielsweise an Gerste zu denken, die nicht thermisch aufgeschlossen ist, oder auch an Gluten aus Weizen. Futterbestandteile wie Fruktan verkraftet eine gesunde Darmflora in einem gewissen Maß. Jedes Grünfutter, jedes Heu enthält immer auch Fruktan. Daran ist die Darmflora also angepasst, damit kommt sie klar.

Und jede gut eingespielte Gemeinschaft hasst es, wenn die Bedingungen plötzlich geändert werden. Abrupte Futterumstellungen, einzelne Leckermahlzeiten mit neuen Bestandteilen und Ähnliches sind also eine Respektlosigkeit gegenüber der Darmflora, die sich rächen kann.

AUF EINEN BLICK

- Eine gestörte Darmflora führt zu schlechter Futterverwertung
- Eine gestörte Darmflora kann zu Darmentzündungen führen, wodurch die Aufnahme wichtiger Stoffe reduziert werden kann
- Darmentzündungen können außerdem die Darmbarriere schwächen und so zur erhöhten Aufnahme giftiger Stoffe führen
- Eine gestörte Darmflora kann Immunschwäche und Allergien verursachen
- Im Zentrum der Behandlung von KPU steht die Verbesserung der Darmflora
- Die Darmflora wird vor allem verbessert und stabilisiert durch korrekte, heubasierte Fütterung
- Störfaktoren wie im Dickdarm ankommende Stärke müssen vermieden werden
- Plötzliche Wechsel oder Abwechslungen der Fütterung können die Darmflora überfordern

Ohne eine korrekte heubasierte Fütterung kann keine gesunde Darmflora bestehen

Darmträgheit und Verstopfung – die Fütterung von Mash

Eine Verstopfungskolik kann schnell lebensbedrohlich werden, daher sollte man sie verhindern. Bei Darmträgheit bietet sich die Fütterung von Mash an.

Vermeidbare Faktoren, die eine Verstopfung verursachen können, sind zu viel Stroh im Futter und schlechte Zähne. Wie auf Seite 25 besprochen, enthält Stroh viel unverdauliches Lignin, es muss in der Fütterung durch Heu ersetzt werden. Schlechte Zähne führen zu einer unzureichenden Zerkleinerung des Futters, sie müssen behandelt werden. Geht das nicht, sind Heucobs das geeignete Grundfutter. Auf das Thema Heucobs bei alten Pferden mit schlechten Zähnen wurde ab Seite 122 eingegangen.

Eine Verstopfung führt beim Pferd zu einer gefährlichen Kolik, sie ist immer ein tierärztlicher Notfall. Aber es gibt auch Situationen, bei denen die Lösung nicht ganz so einfach ist. Ausgehend von einer Darmträgheit kann es zu Verstopfungen kommen. Sie kann bei den unterschiedlichsten Grunderkrankungen auftreten. Oft ist die Ursache für die Darmträgheit auch nicht wirklich dingfest zu machen.

Symptome der Darmträgheit wären sehr feste Äppel und wenige Haufen. Ein gesundes, mit Heu oder Weidegang ernährtes Pferd äppelt mindestens alle zwei Stunden. Das sind zwölf Haufen pro Tag. Da ist es kein Wunder, dass man schubkarrenweise den Mist aus dem Stall fahren muss. Verengungen des Darmverlaufs können ebenfalls eine Verstopfung begünstigen. Zu denken wäre an hochtragende Stuten oder auch an alte Pferde, die beispielsweise einen gut- oder bösartigen Tumor im Bauchraum haben können, der den Weg verengt. In solchen Fällen der Darmträgheit oder der Transporthindernisse bleibt als futterbasierte Lösung, den Kot weicher zu machen. Dann arbeitet der Darm besser und eventuelle Hindernisse können nichts aufstauen. Damit ist man beim klassischen Einsatzgebiet für Mash.

Mash

Das ursprüngliche Mash, das man ohne Weiteres selbst herstellen kann, besteht aus

Mashfütterung ist bei trockenen Äppeln und Verstopfungsneigung sehr sinnvoll

Leinsamen und Weizenkleie im Verhältnis 1 : 2 sowie etwas Salz. In vielen Rezepten gehört auch Hafer dazu, der meist gequetscht wird oder beispielsweise als Haferflocken zum Einsatz kommt. Die Mixtur wird mit kochendem Wasser übergossen und muss dann 20 Minuten ziehen. Anschließend wird das Mash warm verfüttert. Pferde schlabbern und schmatzen dann und viele Tierhalter werten das als Ausdruck der freudigen Futteraufnahme. Mit ungekochtem Hafer macht man Pferden allerdings ebenfalls eine Freude, wenn auch deutlich geräuschärmer. Die Gabe als Leckerschmecker kann also nicht Sinn der Mash-Fütterung sein, das ginge einfacher. Die Zufuhr von verdaulicher Energie oder von Proteinen gelingt ebenfalls besser mit Heu, vielleicht auch mit Luzerne oder Hafer. Den Fellwechsel kann man prima mit Leinöl unterstützen, dazu muss man ebenfalls kein Mash kochen.

Auch die Idee, Pferden bräuchten etwas Warmes im Magen, wenn es draußen kalt ist, kann als abwegig betrachtet werden. Pferden kauen gründlich, alles was im Magen ankommt, hat Körpertemperatur. Pferde sind keine Menschen, sie brauchen keine warme Mahlzeit. Sie wollen dauerhaft gutes Futter, keine Mahlzeiten. Und ihr Futter ist nicht wirklich kalt. Heu gefriert in unseren Breiten aufgrund des geringen Wassergehalts nicht. Etwas Wärme kann man mit gewärmtem Tränkewasser zuführen. Das aber saufen Pferde nicht gern. Warmes Tränkewasser kann bei einem unterkühlten Pferd sinnvoll sein, ansonsten legen Pferde darauf meist keinen wert. Instinktiv bevorzugen sie kaltes Wasser, was unter hygienischen Aspekten in der Natur auch durchaus sinnvoll ist.

Pferde frieren nicht so wie Menschen, sie brauchen keine warme Mahlzeit

Mash als Mahlzeit wird dem Ziel einer möglichst gleichbleibenden und kontinuierlichen Fütterung nicht gerecht und kann mit seinem Volumen den Magen schnell überfordern. Es regt den Darm zur Tätigkeit an, was bei einem gesunden Darm bestenfalls sinnlos ist. Es kann aber auch den eigentlich gesunden Darm so weit an die Unterstützung gewöhnen, dass er träge wird.

Mash sollte daher ohne gesundheitliche Notwendigkeit nicht gefüttert werden

Der Sinn von Mash liegt einzig und allein darin, den Kot weicher zu machen. Das stimuliert einen trägen Darm und vermeidet Anschoppungen an Hindernissen im Verdauungstrakt. Der Effekt basiert im Wesentlichen auf dem enthaltenen Leinsamen.

Zur Erinnerung *Weizenkleie enthält hauptsächlich strukturelle Kohlenhydrate, der Stärkeanteil liegt unter 20 %. Sie ist glutenarm. Hauptproblem ist das schlechte Calcium zu Phosphor-Verhältnis von 1 : 14 bis 1 : 18. Der enthaltene Mineralstoffräuber Phytat behindert außerdem die Aufnahme von Calcium, Magnesium, Eisen und Zink.*
Die Volumengrenze des kaum dehnbaren Pferdemagens beträgt 0,5 Liter pro 100 kg Körpergewicht. Die Mahlzeit für einen Warmblüter von 600 kg darf also 3 Liter Volumen nicht überschreiten.

Leinsamen

Leinsamen enthält etwas Blausäure, die giftig ist. Blausäure ist praktischerweise flüchtig. Sie verschwindet durch das Erhitzen. Bei geschrotetem Leinsamen verdampft die Blausäure einfach so. Das ist der Grund, warum man nur ganzen Leinsamen mit kochendem Wasser aufgießen muss, geschroteter kann in kaltem Wasser quellen. Dafür wird geschroteter Leinsamen schnell ranzig.

Allerdings entsteht auch bei der Verdauung von Leinsamen etwas Blausäure. Das lässt sich durch keinerlei Maßnahmen verhindern. Bei geringen Mengen von Leinsamen in Mash ist das nicht relevant. 100 bis 120 g Leinsamen täglich für ein Großpferd sind unproblematisch. Eine Fütterung von Leinsamen als Kraftfutter, ist dadurch aber ausgeschlossen. Leinsamen hat eine hohe Energiedichte und enthält viel wertvolles Eiweiß. Leinsamen enthält pro 100 g: 1,6 MJ verdauliche Energie, 16,4 g verdauliches Rohprotein und 1,2 g Lysin.

Leinsamen quillt, er nimmt Wasser auf, es bilden sich Schleimstoffe. Sie sind es, die den Futterbrei im Darm weich und geschmeidig machen und so die Darmtätigkeit anregen. Neigt ein Pferd also trotz korrekter Fütterung zu Verstopfungskoliken kann eine regelmäßige Mash-Fütterung sinnvoll sein. Die Häufigkeit richtet sich nach der Schwere der Problematik und eine Beratung durch Tierärztin oder Tierheilpraktiker ist dringend angeraten. Bei leichteren Fällen genügt Mash einmal pro Woche zum Durchputzen des Darms. Manche Pferde aber benötigen auch täglich Mash, damit die Verdauung noch funktioniert.

Mash kann auch vorübergehend beispielsweise nach Operationen eingesetzt werden. Das wird dann von der Klinik entsprechend angeordnet.

Ganzer Leinsamen muss mit kochendem Wasser aufgegossen werden

AUF EINEN BLICK

- Vermeidbare Ursachen für Verstopfungen sind zu viel Stroh im Futter und schlechte Zähne
- Bei Darmträgheit und Verdauungshindernissen lässt sich der Kot mit der Fütterung von Mash weich machen, was das Verstopfungsrisiko deutlich reduziert
- Der Einsatz von Mash als leckere oder warme Mahlzeit ist unsinnig
- Den Fellwechsel kann man mit Leinöl besser und gezielter unterstützen
- Das klassische Mash besteht aus Leinsamen, Weizenkleie und Salz
- Gequollener Leinsamen bildet Schleimstoffe, die den Kot weich machen und die Verdauung anregen

PSSM 1 und 2 – Erkrankungen der Muskulatur

Die angeborenen Muskelprobleme lassen sich oft durch angepasste Fütterung und gezielte Bewegung managen.

PSSM steht für Polysaccharide Storage Myopathy. Es handelt sich um eine Muskelerkrankung („myopathy“), bei der die Speicherung („storage“) von Kohlenhydraten („polysaccharide“) gestört ist. Die Bezeichnung beruht auf der Erkrankung PSSM1, bei der es tatsächlich zu einer Störung des Zuckerstoffwechsels im Muskel kommt. PSSM2 heißt so, weil das klinische Bild ähnlich ist. Störungen des Zuckerstoffwechsels allerdings wurden bei PSSM2 bisher nicht identifiziert, die Bezeichnung PSSM2 ist daher eigentlich unsinnig.

PSSM1

Die Erkrankung

Diese Muskelerkrankung betrifft bevorzugt amerikanische Rassen, kommt aber auch bei anderen Pferden vom Spanier über Warmblut bis zum Haflinger vor. Die Erkrankung ist erblich, das defekte Gen ist bekannt. Entsprechend auf den Gendefekt getestete Pferde werden aus der Zucht ausgeschlossen. Die betroffenen Pferde zeigen oft Bewegungsunlust und zunehmende Steifheit, die sich im Laufe der ersten zehn bis zwanzig Minuten leichten Trainings verschlechtert. Die Pferde erscheinen zunehmend faul und triebig. Betroffen ist insbesondere die Muskulatur der Hinterhand, die nicht nur immer steifer wird, sondern auch zittern kann. Manchmal werden die Hinterbeine in Sägebockhaltung nach hinten ausgestreckt. Die Muskulatur ist oft sehr hart und schmerzhaft. Schwitzen und Probleme beim Rückwärtsrichten gehören ebenfalls zum Symptombild. Nur sehr selten kommt es zum Vollbild des Kreuzverschlags.

Bei diesen Pferden ist der normale Zuckerstoffwechsel der Muskeln gestört. Alle Muskelzellen nehmen Blutzucker auf. Sie benötigen diese Glucose zur Energieproduktion. Ist mehr Zucker da, als die Muskelzelle braucht, speichert sie ihn in Form von Glykogen. Die Glucose wird dafür zu langen Ketten verknüpft. Glykogen ist der Stärke sehr ähnlich und wird deshalb oft auch tierische Stärke genannt. Der Unterschied liegt im Detail der chemischen Bindung zwischen den Glucosemolekülen. Benötigt die Muskelzelle Glucose für die Energiegewinnung, baut sie das Glykogen wieder ab. Klappt dieser Zuckerstoffwechsel nicht ordnungsgemäß, entsteht ein Energiemangel in der Muskelzelle. Sie wird dadurch steif. Die Muskelzelle braucht die Energie, um locker zu bleiben. Man kennt

Schmerzgesicht eines Pferdes mit reinerbiger P8-Mutation, also komplettem Ausfall dieses Gens

ein anschauliches Beispiel dafür aus dem Krimi, Tote werden steif. Diese Totenstarre entsteht durch den Energiemangel in den Muskelzellen.

Bei Pferden mit PSSM1 ist das Enzym Glykogen Synthetase 1 verändert. das dazugehörige Gen heißt GYS1. Durch die Veränderung kommt es zu einer erhöhten Aktivität des Enzyms, es baut also mehr Glucose zu Glykogen um als notwendig. Gleichzeitig kommt es zu einer verstärkten Zuckeraufnahme in die Muskelzelle. Das veränderte Enzym bastelt ein stark verzweigtes Glykogen. Dadurch lässt sich das Glykogen bei Bedarf nur unzureichend wieder abbauen. Es wird also unterm Strich sehr viel und schlecht verwendbares Glykogen gebildet. Als Folge lagern sich zahlreiche störende Glykogen-Körner im Muskel ab und es kommt bei Belastung schnell zum Energiemangel.

Jede Zelle im Körper hat von GYS1 zwei Kopien, eine vom Vater und eine von der Mutter. Ist nur eine der beiden Kopien defekt, spricht man von mischerbig oder heterozygot. Sind beide kaputt, ist die Veranlagung reinerbig beziehungsweise homozygot. Mischerbige Pferde haben in aller Regel weniger Symptome als reinerbige.

Haltung und Fütterung bei PSSM1

Diese Pferde gehören in eine Bewegungshaltung. Jegliche Ruhe in einer Box schadet, auch wenn das nur über die Nacht ist. Plötzliche Belastung der Muskeln ist zu vermeiden. Die Herde in der Auslaufhaltung muss ausgeglichen und ruhig sein, häufige Konflikte oder fröhlich herumtobende Youngster überlasten das muskelkranke Pferd schnell. Das Training muss behutsam aufgebaut werden. So erreichen die Muskeln über die Zeit eine Grundkondition, die eine Nutzung als Freizeitpferd erlauben kann. Die Trainingseinheit muss umgehend beendet werden, wenn das Pferd anfängt, steif zu werden. Dann rutschen die Muskelzellen in den Energiemangel, jede weitere Belastung verschlimmert die Situation.

Es liegt auf der Hand, dass diese Pferde so wenig Zucker wie möglich erhalten dürfen, damit nicht noch mehr unnütze Glykogenkörner den Muskel stören. Getreide, Äpfel, Möhren, trockenes Brot sind verboten. Auch junges Weidegras hat viel zu viel Zucker. Ein zeitlich begrenzter Weidegang ist allenfalls ab Juni möglich, wenn das Gras lang ausgewachsen ist. Eine Haltung ohne Weidegang ist zu bevorzugen. Das Heu muss ein später erster Schnitt sein.

Mit Blick auf die Grenzen des Trainings ist klar, dass Pferde mit PSSM1 kein Kraftfutter benötigen. Sie sind nicht im Leistungssport anzutreffen. Heu genügt in aller Regel für die Ernährung völlig. Eine Ergänzung wäre durch unmelassierte Luzerne und Öl denkbar, falls sie wirklich notwendig sein sollte. Zum Heu gehört ein gutes Mineralfutter, das ganzjährig Vitamine enthält, um den fehlenden oder sehr begrenzten Weidegang auszugleichen. Besonders Vitamin E und organisch gebundenes Selen sollten im Mineralfutter unbedingt enthalten sein, da sie für die Muskulatur besonders wichtig sind. Und auch beim Mineralfutter muss zwingend darauf geachtet werden, dass es getreide- und melassefrei ist.

Kreuzverschlag *Diese dramatische Muskelerkrankung wird auch Feiertagskrankheit genannt. Sie betrifft typischerweise Pferde, die hohe Leistung erbringen und entsprechend stärkehaltig gefüttert werden und dann einen Ruhetag haben. Bei der Belastung am darauffolgenden Tag sind die Pferde nach kurzer Zeit komplett steif. Die Muskulatur schwillt massiv an und es kommt zum Absterben von Muskelgewebe. Die Abbauprodukte der Muskeln werden aus dem Blut über die Nieren ausgeschieden, der Urin wird braun. Das Pferd darf nicht bewegt werden und muss gegebenenfalls mit dem Hänger aus dem Gelände geholt werden. Es handelt sich um einen tierärztlichen Notfall.*

PSSM2

Die Erkrankung

Zunächst einmal ist die Bezeichnung dieser Erkrankung zutiefst irreführend. Sie hat nach gegenwärtigem Kenntnisstand nichts mit der Speicherung von Polysacchariden zu tun. Stärke und Zucker sind nicht die Ursache der Probleme. Allerdings begünstigt eine sehr stärkelastige Fütterung unabhängig von einer eventuellen Grunderkrankung das Risiko eines Kreuzverschlages. Man findet für diese Erkrankungen auch die Bezeichnung MFM und RER. MFM steht für Myofibrilläre Myopathie, also eine Muskelerkrankung basierend auf den Muskelfibrillen. RER steht für Recurrent Exertional Rabdomyolysis, einer Form des wiederkehrenden („recurrent"), belastungsinduzierten („exertional") Muskelschädigung ähnlich einem Kreuzverschlag („rabdomyolysis"). RER tritt insbesondere, aber nicht ausschließlich bei Vollblütern und deren Kreuzungen auf. Diese Trainingsintoleranz kann bis zum Vollbild des Kreuzverschlags führen.

Das klinische Bild ist dem PSSM1 insofern ähnlich, als die Pferde oft steif sind und schmerzhafte Muskulatur zeigen, was insbesondere an den großen Muskeln der Hinterhand deutlich wird. Aber die Symptomliste des PSSM2 ist deutlich umfangreicher. Das Bild ist komplex. Die Symptome zeigen sich in einigen Fällen erst im Alter von 7 bis 10 Jahren in vollem Umfang. Jüngere Pferde, gerade jene, die sich noch im Wachstum befinden, können unauffällig sein. Häufig wird jedoch schon beim Anreiten beobachtet, dass das zunächst bewegungsfreudige Pferd zunehmend einsteift und seine schönen Bewegungen verliert. Natürlich kann das auch durch schlechtes Reiten passieren und so wird in dieser Phase die Krankheit oft nicht erkannt und reiterlicher Inkompetenz zugeordnet. Die steife Muskulatur ist in diesem Fall nach dem gegenwärtigen Verständnis der Krankheit nicht durch einen Energiemangel verursacht. Stärker werdende Muskulatur verschlechtert das klinische Bild dann meistens weiter. Das ist anders als bei PSSM1, wo eine gewisse Grundkondition die Belastbarkeit in der Regel verbessert. Manche Pferde mit PSSM2 werden durch behutsame Aufwärmarbeit und regelmäßige leichte Arbeit lockerer, andere zeigen eine deutliche Trainingsintoleranz. Einige von ihnen sind in der kalten Jahreszeit nicht reitbar, im Sommer aber durchaus nette Freizeitpferde. Manche sind nicht reitbar oder haben sogar solch große Schmerzen, dass sie erlöst werden müssen, andere zeigen trotz nachgewiesener Gendefekte vom PSSM2-Typ keine Symptome.

Die Liste der möglichen Symptome von PSSM2 ist lang:

- häufiges Muskelzittern
- Steifheit, lange Aufwärmphase
- steife Hinterhand und Oberlinie
- hohe Muskelspannung, meist durch Kälte verstärkt
- schlechte Entwicklung der Schub- und/oder Tragkraft der Hinterhand
- wechselnde Lahmheiten
- Koordinationsstörungen/Ataxie
- Galopp mit hopsender Hinterhand oder generelle Unwilligkeit zu galoppieren
- schnürender Gang durch eng geführte Gliedmaßen
- Verdauungsbeschwerden
- allgemeiner Muskelschwund vor allem über die kalte Jahreszeit
- Löcher in der Muskulatur
- waschbrettartige Struktur der Muskulatur
- plötzliches explosives Verhalten
- Aggression
- Buckeln
- Geräuschempfindlichkeit
- Husten
- Pseudo-Kehlkopfpfeifen (ohne endoskopisch erkennbare Stimmbandlähmung, verstärkt bei Stress)

Pferde mit symptomatischem PSSM2 sollten von der Zucht ausgeschlossen werden, das gebietet schon der Tierschutz. Den Pferden ist die Leistungsanforderung durch die Fortpflanzung nicht zuzumuten. Selbstverständlich haben diese symptomatischen Pferde auch im Leistungssport nichts verloren.

Diagnostik bei PSSM2

Bei auffälligen Symptomen kann die weitere Diagnostik durch eine Gewebeprobe aus den Muskeln oder durch Gentest erfolgen. Bei der Gewebeprobe kann es sein, dass die Veränderungen übersehen werden, weil sie gerade an der Stelle der Entnahme – noch – nicht ausgeprägt genug sind oder weil die Erkrankung schubweise verläuft und gerade kein Schub stattfindet. Im Gegensatz zu den PSSM2-Varianten, die man der Gruppe MFM zuordnet, lässt sich RER mittels Gewebeprobe kaum identifizieren. Zunehmend rücken Gentests in den Vordergrund, auch weil sie nur ausgerissene Haare erfordern. Es sind inzwischen 6 Gene identifiziert, deren Veränderung ein deutlich erhöhtes Risiko bedeutet, im Laufe des Lebens die Krankheit zu entwickeln. Sie werden in den Gentests bezeichnet als P2, P3, P4, P8, K1 und Px.

Die Gene P2, P3, P4, P8 und K1 gehören zur MFM-Gruppe, sind bei Mutation also strukturelle Veränderungen des Muskelgewebes. Veränderungen = Mutationen der Gene P2, P3 und P4 betreffen die Feinstruktur der Muskelfasern. Die entsprechenden Eiweiße sind so verändert, dass sie ihrer Funktion bei der Kontraktion des Muskels nicht mehr voll gerecht werden können. Ist nur eine Kopie des Gens P8 mutiert, hat das oft nur dann eine erkennbare Auswirkung auf die Muskulatur, wenn parallel ein weiterer genetischer Defekt vorliegt. P8-Mutationen sind also ein Verstärker. Das dazugehörige Eiweiß schützt die Muskelzellen vor freien Radikalen. Diese reaktiven Moleküle wurden schon bei Vitamin E auf Seite 65 erwähnt. Es sind jene mit den Single-Elektronen auf Partnersuche. K1 betrifft das Bindegewebe, das die Muskelzellen umhüllt. Beim Menschen zeigen sich vergleichbare Mutationen vor allem in fortschreitender Muskelschwäche. Auch bei

Muskelabbau und Löcher in der Muskulatur sind Symptome von PSSM2

vielen Pferden mit K1-Defekt scheint das der Fall zu sein.

Px wird mit der Erkrankung RER direkt in Verbindung gebracht. Hier ist ein Calcium-Kanal defekt. Calcium vermittelt die Kontraktion des Muskels. Durch den defekten Kanal steigt der Calcium-Spiegel in der Muskelzelle und daher zieht sie sich insbesondere bei Belastung vermehrt zusammen. So werden bei der Px-Mutation die Muskeln in Laufe des Trainings oder des sportlichen Einsatzes steif. Im täglichen Umgang mit einem Freizeitpferd fällt die Px-Mutation oft weniger auf. Ein Px-Defekt ist allerdings in der Regel deutlich verstärkend für die Symptomatik anderer PSSM2-Mutationen.

Auch von diesen 6 verschiedenen Genen hat jede Zelle im Körper jeweils zwei Kopien. Entsprechend können Pferde mischerbig oder reinerbig sein. Reinerbige Pferde mit zwei defekten Kopien haben oft deutlich stärkere Symptome. Aber auch mischerbige Pferde mit einer defekten und einer gesunden Genkopie haben ein ein nennenswertes Risiko, Symptome zu entwickeln. Sind mehrere verschiedene Gene von Mutationen betroffen, haben die Pferde meist eine stark ausgeprägte Symptomatik. Es kann auch als sicher betrachtet werden, dass diese sechs Gene noch nicht die komplette Basis von PSSM2 darstellen. Man wird weitere Gene finden, deren Mutationen ursächlich oder verstärkend sein können. PSSM2 ist keine einzelne Krankheit sondern eine Dachbezeichnung für Erkrankungen mit steifen Muskeln. Es handelt sich um einen Begriff, unter dem sich noch mehr Gendefekte versammeln werden. Diese noch unbekannten Gene dürften auch erklären, warum manche Pferde mit einzelner mischerbiger Mutation

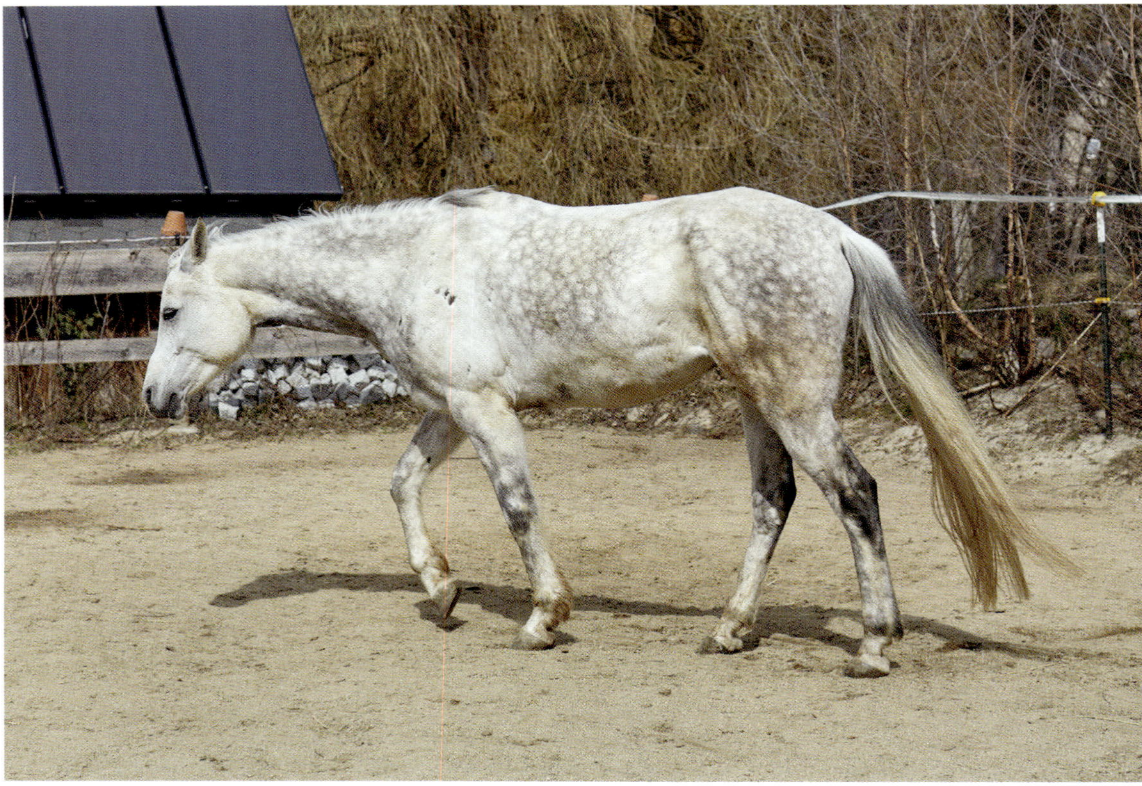

Ein hochgezogener Bauch wird bei Pferden mit PSSM2 oft beobachtet

in den 6 Varianten symptomlos sind und andere schwer an PSSM2 erkranken. Letztere haben höchst wahrscheinlich noch weitere Gendefekte, die wir derzeit noch nicht kennen. Zudem können womöglich Infektionserkrankungen den Verlauf beeinflussen. Die Forschung wird auf diesem Gebiet noch viele neue Erkenntnisse bringen.

Management von Pferden mit PSSM2

PSSM2 ist angeboren und nicht heilbar. Aber man kann die Pferde oft so managen, dass sie ein gutes Leben führen und dass sie zumindest eingeschränkt reitbar sein können. Es gibt aber auch Fälle, in denen alles nichts hilft und die Pferde wegen starker Schmerzen in den Muskeln eingeschläfert werden müssen. Manche kann man schließlich kaum berühren, ohne Schmerzen auszulösen. Diese Pferde bewegen sich dann auch nur noch in einem gebundenen Schritt.

Die Reitbarkeit wird zunächst durch die Bewegungsfreude der Pferde definiert. Gerade im Sommer kann es Pferden mit PSSM2 so gut gehen, dass sie gerne mit Reiterin unterwegs sind. Oft zeigen sie allerdings eine Abneigung zu galoppieren oder der Galopp ist nicht taktmäßig. Manchmal wird auch nur der erste Galopp mit einem kleinen Buckler quittiert, danach geht es für den Tag gut. Manche Pferde sind bewegungsfreudig, zeigen aber ein starkes explosives Verhalten. Das führt aus heiterem Himmel zu großen Sätzen oder panischer Flucht, wodurch das Reiten einfach zu gefährlich ist. Es kommt bei diesen Unfällen immer wieder zu schweren Verletzungen des Reiters völlig unabhängig von dessen Können und Erfahrung.

Diese Pferde sind nicht böse oder ungehorsam, sie haben plötzliche starke Schmerzen. Das macht sie völlig unkalkulierbar und ihre Reaktionen liegen deutlich außerhalb des Normalen. Manche Pferde fallen durch Aggressivität auf. Sie können im Umgang bissig sein, ein flinkes Hinterbein haben. Oder sie zeigen ihren Zorn unter dem Reiter durch Buckeln beispielsweise in der Aufwärmphase. Es dürfte sich auch hier um Schmerzreaktionen handeln.

Insgesamt ist bei diesen Pferden mit PSSM2 Sensibilität und Rücksichtnahme angezeigt. Lässt sich ein Pferd mit PSSM2 ungern putzen, dann tun ihm die Muskeln weh. Eine steife anfängliche Phase kann man durch Führen besser überbrücken als durch Reiten. Der häufige Gurtzwang wird dadurch besser handhabbar, indem man im Laufe des Führens Stück für Stück nachgurtet und erst später aufsteigt. Die meisten Pferde mit PSSM2 werden durch Kälte steifer. Sie profitieren vom Eindecken im Winter. Keinesfalls sollte das aber dazu führen, die Pferde vermehrt in einer Box unterzubringen. Auslaufhaltung auch über Nacht gewährleistet eine kontinuierliche Bewegung und ist daher für die muskelkranken Pferde sehr gut. Stress in der Herde allerdings ist für sie oft sehr belastend und verschlechtert die Symptomatik.

Fütterung bei PSSM2

Zunächst einmal ist reichlich gutes Heu die Basis der Fütterung von Pferden mit PSSM2. Sie sind oft eher schwer futtrig, der Muskelabbau vor allem im Winter zehrt. Obwohl an PSSM2 erkrankte Pferde weder im Leistungssport noch in der Zucht etwas verloren haben, brauchen sie dennoch zusätzliches Futter, um das Heu zu ergänzen. Es handelt sich nicht um eine Störung des Zuckerstoffwechsels in der Muskulatur. Ein striktes Verbot zuckerhaltiger Futtermittel gibt es bei diesen Pferden also nicht. Der Apfel hier, die eine Möhre da, dagegen ist nichts einzuwenden. Kraftfutter in Form von Hafer oder anderen Getreiden kann in kleinen Mengen möglich sein. Insgesamt ist allerdings eine zucker- und stärkearme Fütterung zu bevorzugen, denn erhöhter Blutzucker fördert Entzündungen. Und die können in den Muskeln die Symptomatik massiv verschärfen.

Gerade angesichts des Muskelabbaus spricht vieles für eine eiweißreiche Ernährung im Sinne eines Leistungsbedarfs. Für den Muskelaufbau und den Leistungssport kalkuliert man für verdauliches Rohprotein den 1,2 bis 2fachen Erhaltungsbedarf, nachzulesen ab Seite 100. Das trifft auch für Pferde mit PSSM2 zu. Der Bedarf liegt also bei 4,5 bis 6 g pro kg metabolische Lebendmasse. Mehr als der 2fache Erhaltungsbedarf sollte allerdings nicht gefüttert werden, denn das würde die Niere auf Dauer schädigen.

> **Zur Erinnerung** *Der Erhaltungsbedarf für verdauliches Rohprotein ist 3 g pro kg metabolische Lebendmasse. Die Umrechnung des Körpergewichts in die metabolische Lebendmasse ergibt sich aus der Tabelle auf Seite 102.*

Will man nun die Eiweißzufuhr erhöhen, aber keinen Hafer füttern, dann bleiben die Leguminosen Luzerne, Esparsette und Soja. Allerdings enthalten Luzerne und Esparsette viel Calcium. Das ist vor allem für

Pferde mit Px-Mutation ein Problem, da bei ihnen die Calcium-Konzentration in den Muskelzellen zu hoch ist. Aber auch bei anderen PSSM2-Pferden kann Luzerne problematisch sein. Der Grund dürfte dann in den noch unbekannten Gendefekten liegen. Da hilft letztlich nur Ausprobieren und genaues Beobachten. Bei PSSM2-Pferden, die Luzerne und Esparsette nicht vertragen, bleibt von den Leguminosen Sojaschrot, der manches Müsli mit Eiweiß anreichert. Alternativ kann direkt zu Aminosäuren gegriffen werden. Futterergänzungsmittel, die reich an Aminosäuren sind, können eine Heufütterung aufwerten, um dem Körper mehr Eiweißbausteine zuzuführen. Denn die Körperzelle verwendet keine ganzen Eiweiße aus dem Futter. Die kommen immer in Aminosäuren zerlegt in der Zelle an und werden dort nach dem Bauplan der Gene zu körpereigenen Eiweißen neu zusammengebaut.

Die Fütterung von Ölen eignet sich für diese Pferde im normalen Umfang. Zu bedenken ist, dass Öle nur Energie liefern, kein Eiweiß. Weidegang tut Pferden mit PSSM2 in der Regel sehr gut. Die gleichmäßige Bewegung spielt dabei ebenso rein wie die gute Versorgung mit Energie und Proteinen und Vitaminen.

Vitamin E schützt die Muskulatur vor Radikalen. Analog einem Leistungsbedarf sollten Pferde mit PSSM2 400 mg Vitamin E pro 100 kg Lebendmasse erhalten. Das gilt insbesondere für Pferde mit P8-Mutation, da bei ihnen ein körpereigener Radikalfänger ausfällt. Vitamin E ist in Weidegras reichlich enthalten. Für den Winter gilt diesem Vitamin E ein Fokus bei der Auswahl des Mineralfutters. Oder man kann Futterzusätze verwenden, die gezielt Vitamin E enthalten. Schwarzkümmelöl ist beispielsweise ein guter natürlicher Vitamin E-Lieferant. Selen schützt ebenfalls die Muskulatur. Es sollte bevorzugt in organisch gebundener Form im Mineralfutter enthalten sein, um eine gute Bioverfügbarkeit sicherzustellen. Ist es anorganisch gebunden, muss der Gehalt höher sein.

Sonderfall Px-Mutation

Calcium und die Px-Mutation bedürfen besonderer Aufmerksamkeit. Da durch den Defekt der Calciumspiegel in der Muskelzelle steigt, ist es sinnvoll, die Blutspiegel von Calcium im unteren Bereich zu halten. Vielerorts wird Mangan als Zugabe zum Futter empfohlen. Es konkurriert mit Calcium um die Aufnahme aus dem Darm und so wird in Gegenwart von viel Mangan weniger Calcium aufgenommen, wodurch am Muskel weniger ankommt. Allerdings behindert Mangan auch die Aufnahme von Eisen. Eine dauerhafte zusätzliche Manganfütterung kann also über einen Eisenmangel zu Blutarmut führen.

Es scheint daher wesentlich sinnvoller, das Calcium im Futter zu reduzieren. Zunächst einmal ist die Balance wichtig. Liegt das Verhältnis von Calcium : Phosphor bei 5 : 3, dann wird Calcium sehr effektiv in die Knochen eingebaut. Das begrenzt die Blutspiegel von Calcium. Calcium-reiches Futter wie Luzerne und Esparsette verbietet sich bei Pferden mit Px-Mutation. Auch Futter mit hohem Vitamin D-Gehalt wie Grünhafer sind absolut tabu, denn Vitamin D erhöht die Aufnahme von Calcium aus dem Darm. Das gleiche gilt für Mineralfutter mit hohen

Calciummengen oder einem weiten Ca : P-Verhältnis oder Zusatz von Vitamin D. Das Ca : P-Verhältnis im Mineralfutter sollte für diese Pferde unter 3 : 1 liegen. Es ist der Idealfall, wenn eine Heuanalyse vorliegt und dadurch klar ist, welche Mineralstoffe das Pferd wirklich ergänzend braucht. Dann kann man diese einzeln gezielt zufüttern statt ein komplexes Mineralfutter mit unnötigem Calcium zu geben.

AUF EINEN BLICK

- Pferde mit PSSM1 und/oder 2 profitieren von der kontinuierlichen Bewegung in einer Gruppenhaltung
- Pferde mit PSSM1 und/oder 2 leiden besonders unter Herdenstress
- Für PSSM1 existiert ein Test auf das defekte Gen GYS1
- Pferde mit PSSM1 müssen möglichst zucker- und stärkearm ernährt werden
- Für Pferde mit PSSM1 sind daher verboten: Getreide, Äpfel, Möhren, trockenes Brot, junges Gras
- Heufütterung genügt in der Regel für Pferde mit PSSM1, ergänzend kann bei Bedarf unmelassierte Luzerne oder Öl gegeben werden
- Das Mineralfutter muss zuckerarm sein
- Auf die ausreichende Zufuhr von Vitamin E und organisch gebundenem Selen ist bei Pferden mit PSSM1 zu achten
- PSSM2 zeigt eine komplexe Symptomatik ausgehend von steifen und/oder schmerzenden Muskeln
- Die Symptome von PSSM2 zeigen sich oft erst beim Anreiten oder sogar erst im Alter von 7 bis 10 Jahren
- Für PSSM2 sind derzeit 6 Gene identifiziert, die das Risiko von Symptomen erhöhen
- Die Gene P2, P3, P4, P8, K1 betreffen die Muskelstruktur
- Das P8-Eiweiß fungiert außerdem als Radikalfänger in der Muskulatur
- Ein P8-Defekt verstärkt Symptome anderer PSSM2-Mutationen, ist aber als Einzelmutation selten von Krankheitswert
- Der Defekt im Px-Gen fällt im Einsatz als Freizeitpferd oft wenig auf, die Trainingsintoleranz RER zeigt sich vor allem bei Pferden im Sport
- Ein Px-Defekt verstärkt Symptome anderer PSSM2-Mutationen
- Pferde mit PSSM2 profitieren von einer eiweißreichen Fütterung auf dem Niveau eines Leistungsbedarfs
- Die Fütterung von Aminosäuren ergänzt die eiweißreiche Fütterung
- Weidegang ist für Pferde mit PSSM2 in der Regel positiv
- Bei PSSM2 ist die Fütterung von Zucker und Stärke nicht gänzlich verboten, sollte jedoch nur in engem Umfang erfolgen
- Vitamin E und Selen sind wichtige Bestandteile des Mineralfutters bei PSSM2
- Bei Px-Mutation sind Luzerne und Esparsette wegen ihres hohen Calciumgehalts verboten
- Bei Px-Mutation sollte kein Vitamin D zugefüttert werden, also kein entsprechendes Mineralfutter und kein Grünhafer
- Das Mineralfutter für Pferde mit Px-Mutation muss ein Ca : P-Verhältnis unter 3 : 1 haben und sollte möglichst wenig Calcium enthalten

Gelenke – Arthritis und Arthrose

Sehr viele Pferde sind im Laufe ihres Lebens mit Gelenkbeschwerden konfrontiert. Das gilt vor allem, wenn sie alt werden dürfen. Man kann mit der Fütterung dazu beitragen, dass diese Pferde dennoch ihre natürliche Bewegungsfreude behalten.

Aufbau eines Gelenks

Ein echtes Gelenk ist der bewegliche Übergang von mindestens zwei Knochen. Die Lücke zwischen diesen beiden Knochen heißt Gelenkspalt. Die Knochenenden sind mit Knorpel überzogen. Das Ganze ist von einer Gelenkkapsel umgeben und wird von Bändern stabilisiert. In der Gelenkkapsel befindet sich die durchblutete, schmerzempfindliche Gelenkinnenhaut, die die Gelenkflüssigkeit bildet. Aufgabe von Knorpel und Gelenkflüssigkeit ist es dafür zu sorgen, dass die Knochen nicht aneinander reiben. Der Knorpel verteilt zudem den Druck gleichmäßig auf den Knochen.

Knochen sind durchblutet, Knorpel dagegen nicht. Sie werden ausschließlich über die Gelenkflüssigkeit ernährt. Bewegung im Gelenk drückt den Knorpel wie einen Schwamm aus. Bei Entlastung saugt sich der Knorpel wieder voll. So durchspült die Gelenkflüssigkeit den Knorpel und versorgt ihn dabei. Bewegungsmangel ist also schlecht für den Knorpel.

Entstehung von Arthritis und Arthrose

Ist der Knorpel nicht ausreichend versorgt oder wird er zu stark belastet, dann dünnt er langsam aus, bis er schließlich ausfasert. An diesem Punkt entstehen erste Schmerzen und es kann zur Entzündung des Gelenks, der Arthritis kommen. Durch den beschädigten Knorpel wird die Druckverteilung schlechter, der Abstand der Knochen wird geringer. Diese Verringerung des Gelenkspalts kann man im Röntgenbild sehen. Die Knochen reagieren auf den Druck mit Zubildungen, die man ebenfalls im Röntgenbild erkennen kann. Der Gelenkverschleiß wird Arthrose genannt. Die Arthrose kann mit oder ohne vorangehende beziehungsweise begleitende Gelenkentzündung = Arthritis entstehen. Durch die Zubildungen kann es auch im zweiten Schritt zu Entzündungen kommen, wenn diese das Gelenk reizen. Die Arthritisschübe verschlechtern dann die Arthrose, es gibt mehr Zubildungen, die wieder reizen und Arthritis verursachen. Ein Teufelskreis entsteht.

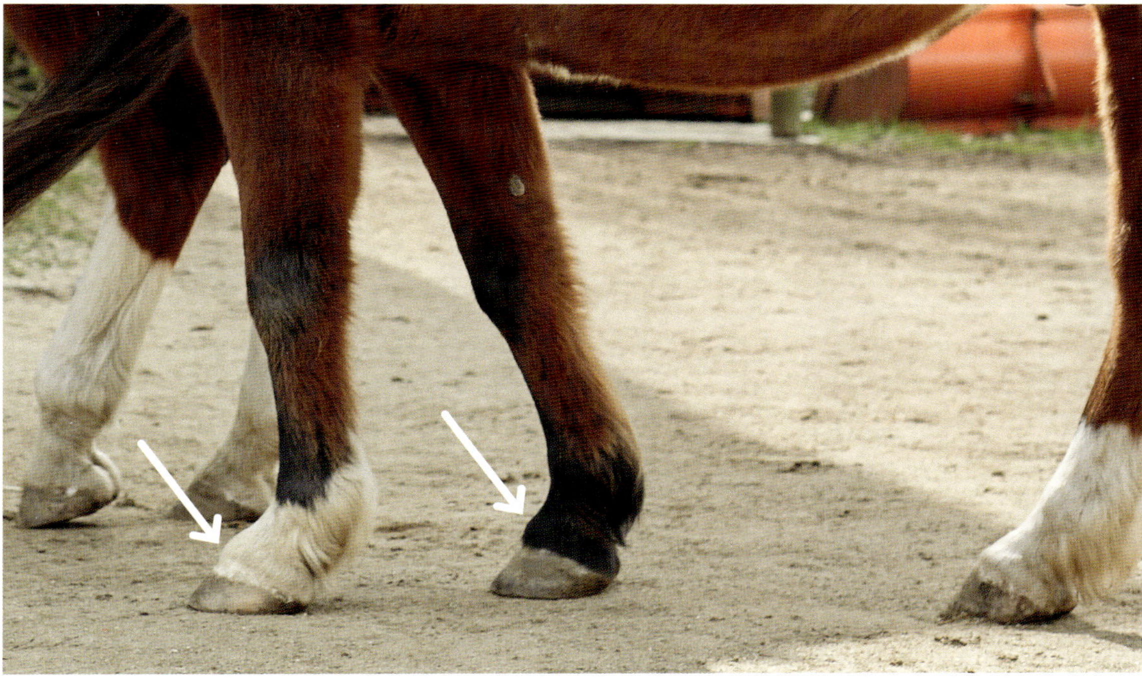

Bei diesem alten Pferd sieht man die Arthrose in Form einer Krongelenksschale schon von außen

Auch ohne Entzündung wird das Gelenk durch die Arthrose in der Bewegung eingeschränkt, es wird steifer. Eine Bewegungseinschränkung ohne Entzündung ist dann nicht schmerzhaft. Manche straffe Gelenke beispielsweise im Sprunggelenk des Pferdes, die ohnehin wenig beweglich sind, können komplett versteifen. Die Arthrose dieser speziellen Gelenke heißt Spat. Arthritis ist also eine Entzündung des Gelenks, Arthrose ist eine Knochenveränderung, die das Gelenk einsteift. Die typischen Zeichen einer Gelenkentzündung beim Pferd sind Schmerzen, Schwellung, Hitze und eingeschränkte Funktion. Im Prinzip liegt zudem eine Rötung der Haut vor, die man aber meist nicht wahrnimmt.

Die Behandlung einer akuten Arthritis sollte medikamentös durch eine Tierärztin erfolgen, damit sie möglichst schnell abklingt und wenig Schaden anrichtet. Und natürlich damit das Pferd schnell von seinen Schmerzen befreit wird. Arthrose verschlechtert sich oft mit Beginn der nasskalten Jahreszeit im Herbst. In dieser Phase kann man mit weiter unten besprochenen Futterzusätzen vorbeugend etwas gegen Entzündungen tun.

Management und Fütterung von Pferden mit Arthrose

Die knöchernen Veränderungen gehen nicht mehr weg, eine Heilung der Arthrose ist also nicht möglich. Geschädigte Knorpel können sich eventuell etwas regenerieren. Insgesamt ist es das Ziel, dass das Pferd mit seinen eingeschränkt beweglichen Gelenken gut zurecht kommt und dass keine neuen Entzündungen verursacht werden. Pferde sollten sich bewegen, je regelmäßiger und gleichmäßiger, desto besser für die Gelenke. Eine Auslaufhaltung ist für Pferde mit Arthrose sehr sinnvoll, solange sie dort nicht von Herdengenossen durch die Gegend gescheucht werden. Die in aller Regel schon etwas älteren Pferde wissen ansonsten selbst recht gut, wann die Bewegung zu viel wird und das Gelenk reizen könnte. Auch eine reiterliche Nutzung, Bodenarbeit mit angemessen langer Aufwärmzeit oder gemeinsame Spaziergänge sind im Rahmen der Möglichkeiten des Pferdes sinnvoll. Welche Belastungen zu viel sind, wird ein sensibler Tierhalter schnell merken.

Für die Fütterung spielt wieder Heu die Hauptrolle. Zucker im Übermaß ist auch bei diesen Pferden ein Problem, denn hoher Blutzucker erhöht die Entzündungsbereitschaft des Körpers. Das passiert nicht durch einen Apfel oder eine Möhre oder etwas Gras. Möhren oder Äpfel in größeren Mengen sind allerdings ein völlig überflüssiges Risiko. Weidegang ist für die meist älteren Pferde sinnvoll, denn die gleichmäßige Fortbewegung beim Grasen ist gut für die Gelenke. Ist das Pferd schwerfuttrig, kann man das Heu gut ergänzen durch Luzerne oder Öl. Auch etwas gequetschter Hafer kann es durchaus sein, wenn dadurch gerade beim alten Pferd eventuell die Heucobs schmackhafter werden. Getreide sollte jedoch nicht die Hauptenergiequelle sein. Nur eine Ausnahme beim Thema Zucker und Stärke gibt es, nämlich wenn die Pferde zu dick sind. Ist ein Pferd mit Arthrose zu dick, gibt es zwei Gründe dafür, dass es abspecken muss. Zum einen nützt es den Gelenken, wenn sie weniger Gewicht tragen müssen. Zum anderen müssen wegen der erhöhten Entzündungsbereitschaft Blutzucker und Insulinspiegel runter. Wie Blutzucker und Insulin beim Equinen Metabolischen Syndrom zusammenhängen und wie man dicke Pferde sinnvoll füttert, ist nachzulesen ab Seite 128.

Für eine Regeneration oder zumindest Stabilisierung noch vorhandener Knorpel brauchen Pferde die essentiellen Aminosäuren Lysin und Methionin, essentielle Fettsäuren, Zink, Mangan und die Vitamine A, B, E. Wird ausreichend Heu gefüttert, ist die Versorgung mit Mangan gesichert und man tut gleichzeitig das Richtige für die Darmflora, damit sie Vitamin B produziert. Im Mineralfutter sollte Zink organisch gebunden sein, alte Pferde sollten ein angepasstes Seniormineralfutter erhalten. Mehr zum Thema alte Pferde steht ab Seite 122.

Das Mineralfutter oder ein Zusatzfutter sollte bei den meist älteren Pferden die Aminosäuren Lysin und Methionin ergänzen, da der erhöhte Bedarf für die Knorpel eventuell aus dem Heu und Gras nicht komplett gedeckt wird. Außerhalb der Weidesaison ist das Zufüttern von Vitamin A und E selbstverständlich notwendig. Essentielle Fettsäuren ergänzt man am besten durch Leinöl. Damit hat der Pferdekörper alle notwendigen Bausteine, um die Gelenke optimal zu versorgen.

Futterergänzungen bei Arthrose

Methylsulfonylmethan

Methylsulfonylmethan (MSM) ist eine organische Schwefelverbindung. Sie kommt natürlicherweise im Körper vor und ist in der pflanzlichen Nahrung der Pferde ebenfalls bereits enthalten. Einen Schwefelmangel oder einen Mangel an der Verbindung MSM gibt es insofern beim sinnvoll gefütterten Pferd nicht. Schwefel erreicht den Pferdekörper beispielsweise auch als Bestandteil der Aminosäure Methionin. Der Sinn einer Ergänzung der Fütterung mit MSM ist nicht ausreichend belegt, auch wenn die Werbung hohe Erwartungen weckt. Gegen eine versuchsweise Fütterung ist jedoch nichts einzuwenden.

Glucosamin und Chondroitin

Beide Stoffe sind wichtige, vom Körper gebildete Bausteine des Knorpels. Es ist allerdings völlig unklar, ob die Stoffe auf dem Wege der Fütterung überhaupt das Gelenk erreichen. Belastbare Belege für eine Wirkung bei Arthrose gibt es nicht. Es scheint insgesamt sinnvoller, das Pferd richtig zu ernähren und die Gelenkversorgung durch Bewegung anzuregen. So bildet der Körper die notwendigen Stoffe am richtigen Ort selbst.

Ingwer, Weidenrinde und Teufelskralle

Ingwer, Weidenrinde und Teufelskralle wirken anti-entzündlich. Ein kurweiser Einsatz im Herbst, wenn das Risiko der Entzündung arthrotischer Gelenke durch nasskaltes Wetter erfahrungsgemäß steigt, kann vorbeugend sinnvoll sein. Allerdings sollte man den Magen im Blick behalten. Alle drei können den Magen reizen, Ingwer und Weidenrinde noch mehr als Teufelskralle.

Hagebutten

Ihr Vitamingehalt ist wie auf Seite 66 besprochen hoch und die Ergänzung des Futters durch Hagebuttenschalen ist gerade außerhalb der Weidesaison schon deshalb eine gute Idee, soweit das Thema Vitamine nicht schon durch das Mineralfutter abgedeckt ist. Neuere Daten weisen auch darauf hin, dass enthaltene Galaktolipide anti-entzündlich wirken können. Weitere Forschung wird klären müssen, ob das wirklich funktioniert. Eine Magenreizung ist hier nicht zu erwarten.

AUF EINEN BLICK

» Akute Arthritis muss tierärztlich behandelt werden

» Pferde mit Arthrose profitieren von einer Bewegungshaltung

» Pferde mit Arthrose sollten im Rahmen ihrer Möglichkeiten bewegt werden

» Übergewichtige Pferde müssen bei Arthrose dringend abspecken zur Entlastung der Gelenke und zur Reduktion der Entzündungsneigung

» Heu ist die wichtigste Futtergrundlage auch bei Pferden mit Arthrose

» Zucker- und stärkehaltige Futtermittel sollten bei normalgewichtigen Pferden mit Arthrose nur in Maßen eingesetzt werden, denn Zucker erhöht die Entzündungsbereitschaft

» Luzerne und Öl können die Fütterung ergänzen

» Beim Mineralfutter liegt ein Augenmerk auf Zink, Vitamin A und E

» Die Ergänzung mit den essentiellen Aminosäuren Lysin und Methionin ist für die Gelenke der meist älteren Pferde hilfreich

» Leinöl liefert wichtige essentielle Fettsäuren für die Knorpelregeneration

» Ingwer, Weidenrinde und Teufelskralle können kurweise eingesetzt werden, um in der nasskalten Jahreszeit Entzündungen zu verhindern

» Ingwer, Weidenrinde und Teufelskralle können den Magen reizen

» Hagebuttenschalen liefern Vitamine und können nach neuesten Erkenntnissen entzündungshemmend wirken

Sommerekzem und andere Hautkrankheiten

Die Haut ist Entgiftungsorgan und Schutzbarriere. Diese beiden Funktionen sind der Ursprung einiger Probleme.

Die Haut als Entgiftungsorgan

Die Haut kann zur Ausscheidung von schädlichen Stoffen aller Art dienen. Die Schweißdrüsen scheiden wasserlösliche Substanzen aus, die Talgdrüsen fettlösliche. Deshalb kam dieses große Organ beim Thema Entgiftung ab Seite 118 bereits zur Sprache. Menschen machen sich diese Funktion beispielsweise durch Saunabesuch zunutze. Pferde kann man durch Training zum Schwitzen anregen. Training in großer Hitze allerdings sollte unterbleiben, denn die Körpertemperatur der Pferde kann dann schnell zu hoch werden.

Die Ausscheidung von schädlichen Stoffen kann die Haut belasten, insbesondere wenn sie für andere Entgiftungsorgane einspringen muss. Daher ist es völlig logisch, dass Lebererkrankungen zu Hautproblemen führen können oder dass die Haut bei fortgeschrittener Niereninsuffizienz nach Urin riecht.

Zunächst muss man dafür sorgen, dass möglichst wenig schädliche Stoffe im Körper anfallen. Die Basis ist also auch hier eine gesunde Fütterung ausgehend von gutem Pferdeheu. Hautprobleme sollten ein Anlass sein, die Zufuhr von Proteinen zu überprüfen. Liegt ein deutlicher Eiweißüberschuss vor, kann das Ursache der Hautprobleme sein. Der zweifache Erhaltungsbedarf an Eiweiß sollte nie überschritten werden. Das Maximum ist also 6 g pro kg metabolische Lebendmasse. Zur Umrechnung des Körpergewichts in die metabolische Lebendmasse sei auf die Tabelle auf Seite 102 verwiesen. Die Versorgung mit Eiweiß ist durch die korrekte Fütterung mit Heu in den meisten Fällen für ein gesunden Freizeitpferd bereits großzügig sichergestellt. Das Zufüttern von eiweißhaltigem Futter sollte gut begründet und berechnet sein. Im Zweifel lohnt es sich, eine Futterberatung in Anspruch zu nehmen.

Passt die Fütterung für ein gesundes Pferd und für dessen Nutzung und es liegen immer noch Hautprobleme vor, die weder Allergie noch Infektion sind, dann sollte dies der Anlass zur Überprüfung der Leber- und Nierenfunktion sein. Auf die Fütterung bei Funktionseinschränkungen dieser Organe wurde im Kapitel zu alten Pferden ab Seite 122 bereits eingegangen.

Sommerekzem ruiniert nicht nur die Mähne, oft kommt es durch das Scheuern zu erheblichen Wunden

Barrierefunktion der Haut

Die Haut hat die Aufgabe, den Körper vor dem Eindringen von Erregern zu schützen. Daher dichtet sie den Körper nach außen hin ab und beherbergt Immunzellen, die direkt in der Haut sitzen und nicht nur in den Blutgefäßen. Für die Aufgabe als mechanische Barriere benötigt die Haut essentielle Fettsäuren. Hautinfektionen lassen sich durch verbesserte Geschmeidigkeit verringern, denn kleine Risse als Eintrittspforte können nicht so leicht entstehen. Eine verbesserte mechanische Barriere hilft oft bereits auch schon, Allergien zu reduzieren. Äußere Pflege kann sinnvoll sein, die Wirkung der essentiellen Fettsäuren von innen ist in der Regel nachhaltiger. Hautverbesserung durch Leinöl-Fütterung kann schon viele Probleme lösen.

Die Immunzellen in der Haut sind die zweite Verteidigungslinie. Sie können eine Abwehrschwäche zeigen, was dann Hautinfektionen begünstigt. Oder sie können sich falsche Ziele aussuchen und aus der Reihe tanzen, dann kommt es zur allergischen Reaktion. Zunächst darf man die Darmflora bei allen

Immunthemen nicht vergessen. Die Mikroorganismen im Darm tragen wesentlich zum Training, zur Prägung und zur Regulierung der Immunzellen bei. Sie profitiert von einer gleichmäßigen Fütterung basierend auf Heu mit oder ohne Weidegang. Die Darmflora hat ihr eigenes Kapitel ab Seite 156. Die Fütterung kann zur Stärkung und Regulierung des Immunsystems ebenfalls beitragen. Überschießende und fehlgeleitete Reaktionen wie die Allergien zeigen, dass die Kontrollmechanismen im Immunsystem nicht richtig funktionieren. Letztlich erreicht man eine Regulierung also auch durch eine Immunstärkung. Das Immunsystem kann sich dann wieder besser selbst kontrollieren.

Immunstärkung durch Fütterung

Die Stärkung des Immunsystems bei Immunschwäche oder Allergie erreicht man im Rahmen der Fütterung mit einer verbesserten Versorgung mit essentiellen Fettsäuren und mit Zink. Hier bietet sich Schwarzkümmelöl an, das diese Stoffe in sich vereint. Zu viel Zink darf es nicht sein, denn dann kommen die Wechselwirkungen mit anderen Mineralien ins Spiel. Zink reduziert die Aufnahme von Kupfer, was wiederum die Aufnahme von Eisen verringert und so steht am Ende dieser Kette eine Blutarmut. Daher sollte man die Tagesmenge von maximal 50 ml Schwarzkümmelöl für ein Großpferd nicht überschreiten und diese Immuntherapie auch nur kurweise durchführen. Eine gezielte Ergänzung von Zink als Zusatzfutter sollte nur nach Kontrolle der Zink-Blutwerte erfolgen.

Schwarzkümmelöl hat seinen Platz als mehrwöchige Kur. Als dauerhafte Gabe eignet sich Leinöl wegen seines hohen Gehalts an essentiellen Fettsäuren und der damit verbundenen allgemeinen hautverbessernden und immunstabilisierenden Funktion. Dazu sollte ein Mineralfutter gewählt werden, das organisch gebundenes Zink enthält. Wichtig für die Haut ist außerdem eine gute Versorgung mit Vitamin A entweder durch Grünfutter oder im Mineralfutter. Allergien lassen sich mit Schwarzkümmelöl teilweise schon gut einfangen. Bei Hautinfektionen erreicht man so eine Vorbeugung. Vorhandene Erreger müssen in aller Regel gezielt behandelt werden, damit sie verschwinden. Um die passende Therapie auszuwählen, die gegen Bakterien, Pilze, Milben oder Haarlinge wirkt, bedarf es der fachkundigen Diagnose.

Fütterung bei Sommerekzem

Diese Allergie auf Insektenstiche erzeugt bei manchen Pferden durch den massiven Juckreiz einen erheblichen Leidensdruck. Neben der Fütterung gehört zur Versorgung eine beruhigende Hautpflege und in stärkeren Fällen eine Ekzemerdecke. Die zuvor beschriebene immunstärkende Fütterung mit Schwarzkümmelöl als Kur und dann dauerhaft mit Leinöl ist ein guter Beitrag zur Verbesserung der Situation. Das allein genügt allerdings nur selten.

Eine zucker- und stärkearme Fütterung ist ein weiterer wesentlicher Baustein, denn die erhöhte Entzündungsneigung bei hohem Blutzucker begünstigt auch Allergien. Es heißt also wieder mal: Heu, Heu und Heu. Bei Leckerlis sollte man auf Zuckerlieferanten wie Äpfel und Möhren verzichten. Auch junges Gras kann zum Problem werden, weshalb diese Pferde von einem späteren Weideaustrieb profitieren. Das alles ist auch

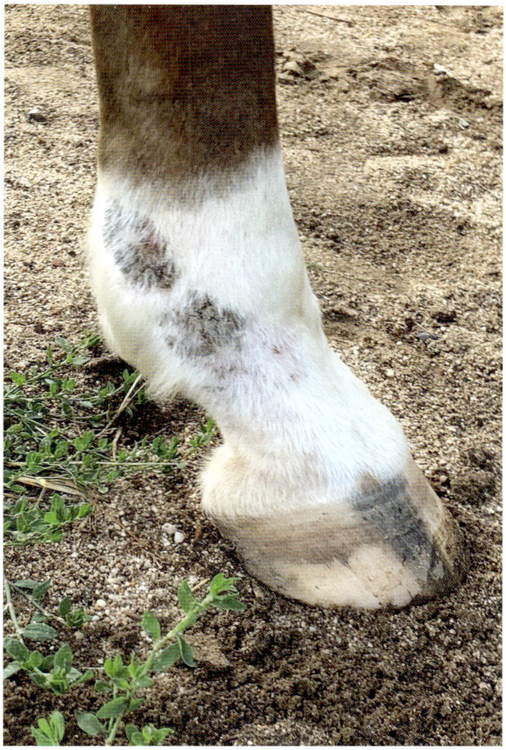

Die Behandlung dieses Milbenbefalls sollte durch immunstärkende Fütterung begleitet werden

gut für die Darmflora, die unbedingt im Gleichgewicht sein muss, damit sich Allergien bessern können.

Die gereizte Haut des Ekzemers profitiert außerdem von einer Entgiftungskur im Frühjahr. Durch Anregung der Leber- und Nierenfunktion wird die Haut entlastet und beruhigt. Die geeigneten Kräuter sind im Kapitel Entgiftung ab Seite 118 beschrieben. Wegen ihres hohen Zuckergehalts ist die Brennnessel für Ekzemer nicht geeignet. Auch auf diesem Weg kann leider bei schweren Fällen nicht immer vermieden werden, die Pferde in der Insektensaison komplett zu vermummen. Oft braucht es einige Jahre, bis die Maßnahmen so greifen, dass man den Pferden wieder ein normales Sozialleben im Sommer ermöglichen kann.

AUF EINEN BLICK

- Ein deutlicher Eiweißüberschuss kann die Entgiftungsfunktion der Haut überlasten
- Die Zufuhr von Eiweiß darf den zweifachen Erhaltungsbedarf nicht überschreiten
- Funktionseinschränkungen anderer Entgiftungsorgane wie Leber oder Niere können zu Hautproblemen führen, weil die Haut dann verstärkt als Entgiftungsorgan gefordert wird
- Die Schutzfunktion der Haut als mechanische Barriere wird durch Leinöl verbessert
- Vitamin A stärkt die Haut und muss über frisches Gras oder Mineralfutter im Futter enthalten sein
- Die Stärkung der Immunfunktion beugt Hautinfektionen vor und reguliert allergische Reaktionen
- Die Darmflora spielt eine Schlüsselrolle bei der Funktion des Immunsystems und muss im Gleichgewicht gehalten werden durch gleichmäßige Heufütterung mit oder ohne Weidegang
- Schwarzkümmelöl als Kur kann immunregulierend wirken
- Leinöl ist für die die dauerhafte Verbesserung der Haut geeignet
- Zink ist wichtig für das Immunsystem, sollte aber nur im Falle eines nachgewiesenen Mangels über das Mineralfutter hinaus dauerhaft ergänzt werden
- Pferde mit Sommerekzem profitieren von einer zucker- und stärkearmen Fütterung basierend auf gutem Pferdeheu

Chronischer Husten

Lang andauernder und hartnäckiger Husten kommt bei Pferden häufig vor. Die Atemwege der Pferde reagieren empfindlich auf eine Reihe von Belastungen und ist die chronische Lungenerkrankung erst einmal da, bekommt man sie kaum mehr weg.

Die Erkrankung

Die Atemwege des Pferdes werden dauerhaft gereizt durch Staub- und Pilzbelastung, Allergene und verschleppte Infektionen. Am ehesten beeinflussbar ist die Luft im Stall. Je offener die Fenster und Türen, desto weniger Staub. Dadurch ist der Stall dann im Winter kalt, aber solange es nicht zieht und die Pferde sich bei Regen oder Schnee unterstellen können, ist das eher für die Zweibeiner ein Problem. Ein gesundes Pferd kommt auch mit Nachttemperaturen von minus 20 Grad zurecht. Der zweite wichtige Punkt ist die Qualität des Futters und des Stalles. Beides muss möglichst frei von Schimmelpilzen sein. Das gilt nicht nur für Hafer und Heu. Die Einstreu wird oft vergessen. Neben Schimmelpilzen aus der Einstreu ist auch Ammoniak, der aus Urin entsteht, ein stark reizender Faktor für die Atemwege.

Verschleppte Infektionen stehen oft am Anfang eines Weges in die chronische Atemwegserkrankung. Deshalb sollte im Falle eines Infektes auf jeden Fall eine medizinische Behandlung erfolgen. Allerdings handelt es sich oft um Virusinfekte, was die therapeutischen Möglichkeiten begrenzt. Allergien auf Pollen oder Pilzsporen kommen bei Pferden ebenfalls vor. Manchmal ist auch eine Infektion der Auslöser für eine nachfolgende Allergie, bei der sich das Immunsystem verselbständigt und nicht mehr richtig reguliert.

Im Ergebnis bekommt das Pferd die Diagnose COPD. Das steht für Chronic Obstructive Pulmonary Disease, eine chronisch obstruktive Lungenerkrankung. Vor allem beim Ausatmen haben die Pferde dann Probleme, weil sich die Bronchien nicht entspannen, sondern zusammenziehen. Dadurch entsteht ein Atemwiderstand und die Luft muss herausgepresst werden. Das kann man an der Bauchmuskulatur sehen, wo sich in schweren Fällen die Dampfrinne abzeichnet. Die Atemwege sind außerdem mit Schleim gefüllt. Der kann so zäh sein, dass der Husten trocken klingt. Durch den hohen Druck in der Lunge werden die Lungenbläschen nach und nach zerstört. Die Pferde bekommen schlecht Luft, die Atemfrequenz steigt oft deutlich über die normale Zahl von 8 bis 16 Atemzügen pro

Manche Pferde sind nicht nur allergisch auf Staub sondern auch auf Gräserpollen

Minute beim Großpferd. Es kann zu erheblicher Atemnot kommen, die man an weit geblähten Nüstern erkennen kann. Kompliziert wird die Erkrankung oft durch Bakterien, die es sich in dem Schleim der Atemwege gemütlich machen. Diese Sekundärinfektionen verschärfen die Situation weiter.

Management von COPD-Pferden

Greift man früh genug ein, gibt es eine kleine Chance auf Genesung. In vielen Fällen allerdings sind bereits Lungenstrukturen zerstört und die Sache hat sich derart verselbständigt, dass man das Pferd nicht mehr ganz gesund bekommt. Aber es gibt viele Maßnahmen, die die Situation so verbessern, dass das Pferd glücklich und auch reitbar ist. Das Management fängt bei der Haltung an. Offenstall ist Pflicht. Dazu gehört tägliches moderates Training, soweit es die Atmung zulässt und wenn kein fiebriger Infekt vorliegt. Vor allem Galopp ist wichtig, denn er zwingt zum Durchatmen. Das Abhusten von Schleim ist dabei gewollt. Viele Pferde profitieren vom Inhalieren von Kochsalzlösungen.

Allergene auszuschalten ist bei Pollen kaum möglich. In solchen Fällen hilft oft nur ein Standortwechsel in andere Luft, beispielsweise ins Gebirge oder ans Meer.

Heulage staubt nicht und ist daher für Pferde mit COPD bei all ihren Schwächen oft ein sinnvoller Kompromiss

Fütterung von COPD-Pferden

Die Fütterung spielt eine große Rolle. Um die Staubbelastung zu minimieren, muss vor allem das Heu behandelt werden. Optimal ist das Bedampfen. Dann staubt es nicht mehr, verliert aber kaum Nährstoffe oder Mineralien und es schmeckt den Pferden auch noch. Alternativ kann das Heu in Wasser eingeweicht werden. Das Übergießen von Heu mit der Gießkanne bringt nur selten genug. Fünf bis zehn Minuten Einweichen reichen zur Staubreduktion aus, längere Zeiten bedeuten größere Verluste an Nährwert. Pferde finden eingeweichtes Heu oft nicht besonders schmackhaft und das kann man auch nachvollziehen, es riecht wirklich nicht gerade gut. Liegt es längere Zeit im Wasser oder auch nass im Stall herum, vermehren sich darin die Hefen und Schimmelpilze, die das Pferd dann zwar nicht einatmet aber frisst. Das stört die Darmflora und belastet die Leber, die die Schimmelpilzgifte abbauen muss.

Beim Bedampfen und beim Einweichen muss man das Heu portionsweise behandeln und dann sofort füttern. Eine staubfreie Heufütterung *ad libitum* ist nur mit Heulage möglich. Das setzt dann voraus, dass der Heulageballen nach dem Öffnen nicht zu lange herumliegt. Ein Pferd alleine jedenfalls schafft es nicht, einen großen Rundballen Heulage vor dem Verschimmeln aufzufressen. Die Fütterung von Heulage ist in diesem Fall ein Kompromiss zwischen Staubreduktion und Belastung des Körpers mit einem sauren Futtermittel, das Laktobazillen enthält. Die negativen Effekte betreffen den Magen mit seiner Magenflora und der Ansäuerung des vorderen Magenabschnittes, der dafür nicht gedacht ist. Die Darmflora ist auch nicht begeistert über die Zufuhr zusätzlicher Laktobazillen, das Gefüge dort kann gestört werden. Das zeigt sich dann oft in Kotwasser.

Eine möglichst tiefe Fütterung fördert das Abfließen des Schleims aus den Atemwegen. Heu oder Heulage sollte also nicht in hohen Raufen liegen. Auch eine Futterschüssel am Boden ist besser als eine Futterkrippe an der Wand. Pferde mit COPD können allerdings nur selten so belastet werden, dass sie nennenswerte Mengen an Kraftfutter benötigen würden. Weidegang ist wegen der frischen Luft und der tiefen Kopfhaltung sehr gut für Pferde mit COPD. Für pollenallergische Pferde kann es in der Zeit der maximalen Gräserblüte von Mai bis Juni sinnvoll sein, wenn die Weide zuvor gemäht oder durch Rinder genutzt wurde, um die Gräserblüten zu reduzieren.

Verschleppte Infekte rufen nach einer Stärkung des Immunsystems. Auch bei Allergien muss letztlich die innere Kontrolle des Immunsystems unterstützt werden. Essentielle

Fettsäuren und Zink sind hier das Thema, das bei den Hauterkrankungen ab Seite 180 schon ausführlicher besprochen wurde. Allergien der Atemwege sind eine typische Anwendung für die kurweise Gabe von Schwarzkümmelöl, das sowohl essentielle Fettsäuren als auch Zink enthält. Als dauerhafte Gabe eignet sich Leinöl, das mit einem Mineralfutter kombiniert werden sollte, das organisch gebundenes Zink enthält. Es soll nochmal unterstrichen werden, dass die dauerhafte Ergänzung von Zink über ein balanciertes Mineralfutter hinaus nur nach Analyse der Blutwerte für dieses Spurenelement erfolgen sollte. Zu viel Zink führt über die Wechselwirkungen mit Kupfer und Eisen letztlich zu einer Blutarmut und damit zu Sauerstoffmangel im Gewebe. Wichtig für die Schleimhäute ist außerdem Vitamin A. Außerhalb der Weidezeit ist auf eine ausreichende Zufuhr über ein Mineralfutter zu achten.

Kräuter bei COPD

Für die Behandlung von Hustenerkrankungen aller Art werden die unterschiedlichsten Kräuter empfohlen. Zwei sollen hier hervorgehoben werden, da sie bei COPD besonders gut geeignet sind.

Efeu verflüssigt den zähen Schleim, der bei COPD die Atemwege verengt. Er fließt so besser ab. Efeublätter frisst ein Pferd nicht. Sinnvoller ist die Gabe in Form eines Hustensaftes. Efeu ist in großen Mengen giftig, man muss also die Dosierungsempfehlungen beachten. Thymian wirkt desinfizierend. Er gehört ebenfalls in den Hustensaft. Das Thymianöl erreicht nach Einnahme des Saftes die Schleimhäute. Es verhindert, dass sich Bakterien in dem vorhandenen Schleim festsetzen.

Thymian wirkt desinfizierend bei Atemwegserkrankungen

AUF EINEN BLICK

- Für Pferde mit COPD ist Offenstall Pflicht
- Heu muss bedampft oder fünf bis zehn Minuten eingeweicht werden
- Heulage ist ein Kompromiss zur staubfreien Fütterung *ad libitum*
- Fütterung vom Boden lässt den Schleim abfließen
- Weidegang ist wegen der Luft und der Kopftiefhaltung vorteilhaft
- Eine Kur mit Schwarzkümmelöl kann zur Stärkung des Immunsystems gegeben werden
- Leinöl zusammen mit organisch gebundenem Zink im Mineralfutter ist für die Dauergabe geeignet
- Vitamin A ist wichtig für die Schleimhäute und muss außerhalb der Weidesaison unbedingt ergänzt werden
- Efeu verflüssigt den zähen Schleim
- Thymian wirkt desinfizierend auf die Atemwege

Liebe Leserin, lieber Leser,

Sie wissen, dass Heu das wichtigste Futter ist. Sie können die notwendige Menge berechnen, die Ihr Pferd haben muss. Sie können die Heuqualität einschätzen.

Sie wissen jetzt, dass manche Kohlenhydrate, nämlich die strukturellen Kohlenhydrate, für Pferde sehr gesund sind. Sie stellen die wichtigste Ernährungsgrundlage dar, sie liefern Energie, ohne direkt den Blutzucker zu erhöhen.

Sie wissen, dass die Darmflora für die Verdauung im Dickdarm eine zentrale Rolle spielt, ohne sie verhungert ein Pferd. Diese Darmflora verdient einen respektvollen Umgang in Form von langweiliger, konstanter Fütterung ohne Abwechslungen.

Sie wissen, dass eine kontinuierliche Zufuhr von Futter die beste Ernährung für Pferde ist, dass der gesamte Verdauungstrakt nicht auf die Fütterung mit einzelnen Mahlzeiten ausgelegt ist.

Sie wissen, dass der Magen des Pferdes einige Besonderheiten hat. Er verträgt keine großen Mahlzeiten. Er reagiert schnell auf Stress. Er hat eine Magenflora, die leicht aus der Balance gerät. Was er nicht benötigt, ist eine warme Mahlzeit.

Sie wissen, dass Stärke und Zucker auch für Pferde ungesund sind. Sie haben ihren Platz lediglich bei hohem Energiebedarf, den ein normales Freizeitpferd allerdings nicht hat. Kraftfutter sollte Pferden mit echten Leistungsanforderungen, Zucht- und Nachwuchspferden und manchen kranken Pferden vorbehalten sein. Hafer wird dabei oft unterschätzt, er ist ein gut ausgewogenes Kraftfutter für gesunde Pferde. Bei Müsli lohnt der Blick auf die Inhaltsstoffe, die Sie jetzt einordnen können. Da gibt es sehr gute, aber auch ziemlich unsinnige Produkte.

Sie wissen, dass Pferde Eiweiß im Futter benötigen. Gesunde Freizeitpferde decken ihren Eiweißbedarf bereits durch eine korrekte Fütterung mit Heu beziehungsweise Weidegang. Die Ergänzung mit Hafer als Kraftfutter bei Leistungsanforderungen liefert nicht nur die nötige Energie, sondern auch reichlich hochwertiges Eiweiß. Sie kennen die eiweißreiche Luzerne, die traditionell einen guten Ruf als Pferdefutter hat.

Sie kennen die wichtigsten Mineralstoffe und wissen, dass sie Wechselwirkungen haben. Ein ausgewogenes Mineralfutter gehört zur Fütterung dazu, denn unsere Kulturlandschaft bietet keine Vielfalt der Futterpflanzen und die Pferde wandern nicht umher. Die grundlegenden Kriterien zur Auswahl des Mineralfutters kennen Sie nun. Sie können einen fachkundigen Blick auf die Zusammensetzung werfen und entscheiden, ob das jeweilige Produkt für Ihr Pferd passt.

Sie wissen, dass essentielle Fettsäuren in Zeiten des Fellwechsels und bei zahlreichen Erkrankungen eine gute Ergänzung sind. Leinöl hat nicht ohne Grund seinen Platz in vielen Futterkammern.

Sie geben Ihrem Pferd nun Äpfel und Möhren mit dem Verständnis, dass es sich dabei um Süßigkeiten handelt, dass es Leckerlis sind, kein Futter zur Ernährung. Trockenes Brot geben Sie wegen seines Glutengehalts gar nicht.

Wenn Sie ein altes oder krankes Pferd haben, wissen Sie jetzt, was Sie durch die Fütterung und einige Haltungsanpassungen tun können, um ihm ein gutes Leben zu ermöglichen.

Wir alle lieben unsere Pferde. Diese Zuneigung sollten wir viel öfter durch Ruhe und Nähe, gemeinsame Zeit und angemessene Bewegung ausdrücken, als durch das Zufüttern von bestenfalls unsinnigen, manchmal sogar schädlichen Mittelchen oder Leckereien.

Pferde sind so wunderbar sensibel. Sie gehen mit uns in Kontakt, sie verbinden sich mit unseren Gefühlen, mit unserer Seele. Oft schafft die Extraschüssel mit Futter anstelle von Nähe eher Distanz, sie steht dazwischen statt zu verbinden. Pferde legen keinen Wert auf Konsum, sie schauen in unser Herz.

Vielleicht entrümpeln Sie jetzt Ihr Futterlager, ändern die Fütterung oder freuen sich, dass Sie es schon lange richtig machen. Genießen Sie die gemeinsame Zeit mit Ihrem Pferd. Ich wünsche Ihnen dabei das Glück, das ich jeden Moment empfinde, den ich mit Pferden verbringen darf.

Ihre
Sabrina Wagner

Einbandgestaltung: R2 I Ravenstein, Verden

Titelfoto und Foto auf der Umschlagrückseite: Julia Wagner

Bildnachweis:
Wikswat – Eigenes Werk, CC BY 3.0, https://commons.wikimedia.org/w/index.php?curid=27401488, via Wikimedia Commons: S. 11 • Sabrina Wagner: S. 30, 40, 85, 101, 144, 164, 183 • © M. Schuppich/stock.adobe.com: S. 38 links • © mailsonpignata/stock.adobe.com: S. 38 rechts • Stefan.lefnaer – Eigenes Werk, CC BY-SA 4.0, https://commons.wikimedia.org/w/index.php?curid=65396181, via Wikimedia Commons: S. 64 • Katharina Gruhle: S. 97 • Karl Wagner: S. 107 • Dr. Hartmut Birke: S. 143 • Dr. Grit Käming: S. 151 • © barmalini/stock.adobe.com: S. 153 • © tycoon101/stock.adobe.com: S. 165 • Dr. Kathrin Lauckner: S. 171 •© cherryandbees/stock.adobe.com: S. 187

Alle übrigen Bilder und die Grafiken stammen von Julia Wagner.

ISBN 978-3-275-02269-4

Postfach 103743, 70032 Stuttgart
Ein Unternehmen der Paul Pietsch Verlage GmbH & Co. KG

1. Auflage 2023

Sie finden uns im Internet unter www.mueller-rueschlikon-verlag.de

Gesamtleitung: Claudia König
Innengestaltung: Julia Wagner, grafikanstalt
Druck und Bindung: PBtisk a.s. Pribram

Printed in Czech Republic

Über mich

Pferde begleiten mich durch mein Leben. Als Jugendliche bin ich mit ihnen über Hindernisse geritten. Später dann sahen die immer höher aus und ich bin ins Dressurviereck gewechselt. Heute genieße ich einfach die Nähe zum Pferd im Fellsattel.

Pferde sind nicht nur meine geliebten Freizeitpartner, seit 2009 stehen sie auch im Mittelpunkt meiner Tierheilpraxis, in der ich Ernährungsberatung für Pferde sowie Traditionelle Chinesische Veterinärmedizin für Pferde und Hunde anbiete. Hier kann ich meine Passion für die Tiere mit meinem Studium der Biologie und meiner Ausbildung als Tierheilpraktikerin kombinieren.

Natürlich können Sie mich gerne kontaktieren. Sie finden mich im Internet unter www.sabrina-wagner.de oder schreiben Sie mir eine Email an die Adresse pferdefutter@sabrina-wagner.de

Dankeschön!

Danke an Axel, Caro & Markus, Claudi, Grit, Helene & Thomas, Kathrin, Rebecca und Steffi, die mit ihren Pferden dazu beigetragen haben, die Vielfalt vom Kaltblut über das Warmblut bis zum Vollblut und Pony in diesem Buch abzubilden. So sind jetzt Schwarzwälder, Deutsches Sportpferd, Trakehner, Araber, Lusitano, Quarter, Tinker, Shetty, Knabstrupper und Traber mit dabei.

Viele kluge Ratschläge und Hinweise zum Text verdanke ich Grit. Ohne ihre immer herzliche Kritik wäre mancher Satz komplizierter und wären die Gedanken oft nicht so klar formuliert.

Mein größter Dank gilt Julia. Ihre großartigen Fotos und ihre wunderschöne Gestaltung machen aus dem Text erst ein Buch, das beim Lesen Freude macht. Und ohne ihre Ermutigung hätte ich den Text nie geschrieben.